JN429517

Pictogram을 활용한

체험수학

김동근 · 윤대원 지음

KM 경문사

머리말

학교 현장에서 수학 교과를 지도하다보면 대학에서 배운 이론적 내용과 현실적 상황이 많이 동떨어져 있다고 느낄 때가 많다. 특히 고등학교 수학교사라면 누구나 성적 산출이라는 제약 때문에 수업 방식이나 평가 방식에서 많은 어려움을 겪고 있을 것이라 생각한다. 그렇다고 4차 산업혁명, 인공지능의 역습 등 사회가 급속히 변해가고 있는 상황에서 대학 입시라는 현실적 상황에만 맞춰 수업을 진행하는 것도 부담스러운 것이 사실이다.

가장 난감한 것은 교과 수업 진행에 어려움이 생기는 시기에 어떠한 내용을 가르쳐야 할지 막막해진다는 것이다. 그래서 저자는 평가가 끝나고 방학이 시작하기 전이나 수능 시험 후와 같이 수업진행에 어려움이 있는 시기에 학생들과 어떠한 수업을 진행하면 좋을지 고민하였다. 학생들이 참여하는 활동 중심 수업이나, 수학이 현실과 밀접한 관련이 있다는 것을 느낄 수 있도록 돕는 내용의 수업을 진행하면 좋겠다고 생각하였고 수업 내용을 구상하면서 수학 교과교실이나 컴퓨터실에서 GrafEq를 활용한 수업을 진행하게 되었다. 이 책의 내용이나 창작물들은 이러한 수업구상의 결과물이라고 볼 수 있다. 적극적으로 학생들의 참여를 유도하려고 구성하였고 다행이도 생각보다 많은 학생들이 적극적으로 참여하였고 만족스러운 결과물도 산출되었다.

저자가 여러 소프트웨어를 이용하여 수업을 진행해 봤을 때 처음에 느끼는 어려운 점은 학생들이 처음에 소프트웨어의 기능을 익히는 데에 많은 시간을 걸린다는 것이다. 그러나 GrafEq 프로그램의 경우 짧은 시간 내에 학생들이 기본적인 기능을 쉽게 익힐 수 있다. 또한 아무리 복잡한 함수식도 바로 그래프로 표현할 수 있는 것은 큰 장점이라고 생각한다. 이미 중학교에서는 자유학기제(혹은 자유학년제)에 GrafEq 프로그램을 활용한 수업을 진행하고 있는데, 이러한 수업내용이 근시일 내에 고등학교로도 확대되면 학생들의 적성과 소질을 키우는 다양한 활동 중심의 수업을 설계할 때 활용 가능할 것으로 생각한다. 아울러 2015 개정 수학과 교육과정에서도 강조하듯이 정보처리 역량 함양에도 부응할 것이라고 본다. 이를 통해 학생들이 수학 학습에 즐거움을 느끼고 흥미를 가지며 수학에 대한 인식 변화가 일어나기를 기대해 본다.

끝으로 이 책을 출판에 도움을 준 도서출판 경문사와 특별히 편집부의 노고에 감사의 마음을 전한다.

2019년 10월
저자일동

차례

Pictogram을 활용한

체험수학

제1장 교육 공학의 동향

아침에 눈을 뜨고 잠을 잘 때까지 주변을 둘러보면 우리는 수많은 도형을 관찰할 수 있다. 예를 들면, 창문과 컴퓨터 모니터에 있는 직사각형, 태양, 달이나 동전, 자동차 바퀴의 원, 주식의 등락을 보여주는 직선 등이 있는데 우리는 이러한 도형들을 매일 같이 보면서 지낸다. 이런 도형들을 관찰, 분석, 조직하는 활동을 통하여 좌표평면에 방정식으로 표현해 보는 것은 2007(교육인적자원부, 2009) 및 2009 개정 수학과 교육과정(교육과학기술부, 2012)에 제시된 수학과 목표에 부합되는 활동 중의 하나이고 수학화(Freudenthal, 2008)하는 활동이라고 할 수 있다. 또한 2015 개정 수학과 교육과정(교육부, 2015)에서도 공학적 도구를 활용한 정보처리 역량 함량을 통해 수학의 규칙성이나 구조의 아름다움을 음미할 수 있도록 하거나 실생활의 지식, 기능, 경험을 수학과 연결하는 창의·융합 역량을 함양하는 활동을 통해, 학생들에게 수학이 일상생활과 밀접한 관계가 있다고 느끼게 하고 수학에 대한 긍정적인 인식을 갖도록 기대해 보지만 실제 교육현장에서는 이러한 목표와 거리감이 있으며 특히 학년이 높아질수록 더 크게 나타난다.

교육과정이 변천하는 과정에서, 2009 개정 교육과정에서는 고등학교 1학년 수학 내용 중 '두 원의 위치 관계'와 같은 내용은 중학교 단원으로 이동하고, '삼각함수는 '미적분 Ⅱ' 단원으로 옮겨갔으나, '부등식 영역'은 고등학교 1학년에서 항상 다루어지고 있다. 하지만 수학적 문제해결력 신장을 위해 대부분 '부등식 영역을 활용한 최대, 최소'에 많은 초점을 두어 지도하고 있는 실정이다. 그리고 이와 관련된 내용이 2015 개정 수학과 교육과정(p. 127)에서는 선택 중심 교육과정의 진로 선택 과목 중 '경제 수학' 교과의 '함수와 경제' 단원으로 이동 되었다. 이 단원에서 '함수의 활용'이라는 내용으로 '부등식 영역의 의미를 이해하고, 이를 활용하여 경제 관련 함수의 최대, 최소 문제를 해결할 수 있다.'고 제시하고 있지만 아무래도 진로 선택 교과이기 때문에 중요성이 많이 낮아졌다고 볼 수 있다. 또한 부등식의 영역과 관련하여 최대, 최소를 구할 때, 경제 관련 함수는 일차식만 다루도록 하고 있는 것은 학생들이 학습한 원이나 포물선 등과 같은 수식의 사용을 제한하고 있다고 볼 수 있다. 이것은 연계성 있는 교육과정이 이루어진다고 볼 수 없으며 이런 수식들이 일상생활에서 쉽게 접할 수 있고 대상의 의미를 시각적으로 빠르게 인식할 수 있는 로고(Logo), 엠블럼(Emblem), 안내 표지판에 나타난 상징적인 그림(픽토그램)이나 도형들은 수학과는 별개의 것으로, 다시 말하자면 수학은 일상생활과 동떨어진 교과라고 생각할 수 있다. 따라서 매일 주변에서 쉽게 관찰되는 현상이나 도형들을 학생들이 직접 여러 가지 도형의 방정식들로 표현하는 활동, 즉 수학화하는 활동이 잘 이루어지지 않는다고 할 수 있다. 오늘날 우리는 점점 복잡하고 전문화된 시대에 살아가고 있으며 특히 스스로 학습이 가능한 인공지능의 발달로 4차 산업혁명의 시대에 직면해 있다. 또한 남녀노소를 불문하고 대부분의 사람들이 스마트폰을 사용하고 있으며, 이것을 활용하여 언제 어디서나 자신이 필요로 하는 정보를 검색, 수집, 가공할 수 있다. 이런 시대적 상황에 부응하기 위해 2015 개정 수학과 교육과정(교육부, 2015)에서는 자신에게 당면한 문제를 합리적으로 해결하기 위하여 다양한 자료와 정보를 수집 · 정리 · 분석 · 활용하고 적절한 공학적 도구나 교구를 선택 및 이용하여 자료와 정보를 효과적으로 처리하는 능력, 즉 '지식 정보처리 역량'을 수학 교과 역량에 포함시키고 있다. 이런 사실로 지필환경에서 문제를 해결하는 것도 중요하지만 공학적 도구를 이용하여 문제를 해결하는 방법을 익히는 것도 필요하다고 할 수 있다.

선행연구 중에는 다양한 탐구형 소프트웨어 예를 들어, GSP(전영국, 주미, 1998; 강순자, 고상숙, 1999), GeoGebra(권윤신, 류성림, 2013; 이상구, 장지은, 김경원, 2013), LOGO(류희찬, 이지요, 1999), Mathematica(Kim, 2003)를 활용한 연구는 여러 방면에서 활발히 연구하고 있지만 GrafEq를 활용한 연구(김남희, 2005; 신인선, 박경민, 2012)는 부족한 실정이다. 그리고 부등식 영역에서 문제해결(서현주, 2009; 이승미, 2009; 이상희, 이종학, 김원형 2012)과 관련된 연구가 대부분이고 부등식 영역에서 픽토그램을 활용한 사례는 부족하다고 할 수 있다.

따라서 이 책에서는 부등식 영역 단원에서 로고, 엠블럼, 안내 표지판에 나타난 상징적인 그림이나 도형들, 즉 픽토그램들을 수학 소프트웨어 중의 하나인 GrafEq으로 구현해 봄으로써 수학적 문제해결 능력의 신장, 창의성, 수학적 심미성을 기르는 것을 목적으로 한다. 그리고 가상의 세계 속에서도 수많은 기호 체계로 이루어진 영화 〈메트릭스(Matrix)〉에서처럼 현재 우리는 수학의 세계에서 살아가고 있고 앞으로도 우리의 생활이 수학과 더 밀접한 관계가 있다는 것을 느끼게 하고자 한다.

더 나아가 픽토그램을 GrafEq로 구현해보는 것은 2015 개정 교육과정에서 핵심 역량 중의 하나인 정보처리 영역 함량과 일맥상통한다고 볼 수 있고 이를 통해 수학의 필요성과 유용성을 인식할 수 있을 뿐만 아니라 4차 산업혁명의 태동기에 수학 학습에 대한 즐거움, 흥미, 자신감을 기를 수 있다고 본다.

제2장 수학화

수학교과는 생활 주변의 여러 가지 사회적, 자연적 현상을 수학적 안목으로 관찰하고 해석하며 수학적 사고를 통해 합리적으로 문제를 해결하는 능력과 태도를 기르는 교과이다(교육과학기술부, 2012). 이런 교과를 통해 수학학습자의 바람직한 인성과 태도를 기르는 것을 목표로 삼고 있다. 이러한 목표를 달성하기 위해서 즉 학생들에게 수학에 대한 바람직한 인식과 태도를 함양시키기 위해서는 수학의 필요성, 가치성, 활용성을 인식시킬 필요가 있다. 그래서 학생들이 수학을 언제, 어디서든지 활용 가능하고 실용적이며 일상생활과 밀접한 관련이 있고 다른 학문과도 관련이 있다는 것을 느끼도록 해야 한다. 이에 NCTM(1989)은 '학교 수학을 위한 교육과정과 평가 규준'에서 문제해결로서의 수학, 의사소통으로서의 수학, 추론으로서의 수학, 수학적 연결성을 강조하였다. 이들 중 수학적 연결성은 수학내의 연결성, 타학문과의 연결성, 실생활과의 연결성으로 나누어 구분하고 있다. 그리고 교육과학기술부(2012, p.53)에서는 수학의 개념, 원리, 법칙, 기능의 교수·학습에서 유의사항 중 "생활 주변 현상, 사회 현상, 자연 현상 등의 여러 가지 현상을 학습 소재로 하여 수학의 개념, 원리, 법칙을 도입한다."라고 제시하고 있다.

그래서 학생들에게 이미 조직된 수학을 부과하는 것이 아니라 학습자에게 적절한 현실적인 현상을 제공하여 학생 스스로 창조적인 활동을 통해서 직접 현실을 수학적으로 조직하는 경험을 제공하여야 한다(김연식, 정영옥, 1997, p.3). 프로이덴탈(Freudenthal, 1991)에 따르면, 학생들이 수학적으로 조직하는 수학적 활동을 수학화(mathematising) 활동이라고 하였다. 여기서 '수학화'란 '현상을 수학적 수단에 의해서 조직하는 것'을 의미하며, 이때 '현상'이라고 하는 것은 현실적인 상황이나 수학적 상황을 의미하기도 한다. 그리고 수학화 과정을 현상과 본질의 교대 작용에 의해 수준 상승이 이루어지는 불연속적인 과정이라고 하였다. 이런 과정을 통해 학생들은 수학의 진정한 가치를 이해할 수 있고 필요로 하는 곳에서 언제든지 수학을 활용하고 응용할 수 있다고 생각한다. 이런 수학화 과정을 김연식, 정영옥(1997, p.4)은 다음 그림 1과 같이 제시하고 있다.

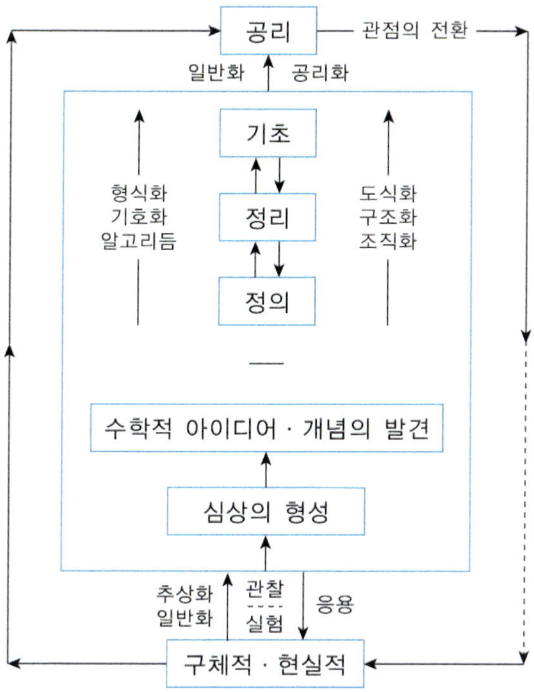

그림 1 수학화 과정

트레페르스(Treffers, 1987, p.249)는 수학과 과정을 수평적(horizonal) 수학화와 수직적(vertical) 수학화로 구분하였다. 전자를 현실에서 수학적 내용을 이끌어 내는 과정으로, 즉 문제 상황에서 수학적 문제로 변형하는 과정으로 보고 후자는 수학적으로 가다듬는 과정으로, 즉 수학적 체계 내에서 처리하는 과정으로 보았다. 다시 말하자면 김용성(2000, p.15)은 수평적 수학화란 관찰, 실험, 귀납 추론 등의 경험적 접근 방법을 통해 문제 상황을 수학적인 방법을 이용할 수 있도록 변형하는 과정, 즉 모델 형성, 도식화, 기호화를 통해 수학으로 향하는 길을 여는 것을 말하며 수직적 수학화란 수평적 수학화 이후에 따라오는 수학적 과정, 문제를 풀고 일반화하고 형식화하는 것과 관련된 과정, 즉 수학적 처리 과정과 탐구 중인 문제의 구조화 속에서의 수준 상승과 관련이 있다고 언급하고 있다.

수업 과정에서 수학화가 이루어지는 과정은 다음과 같다(De Lange & Verhage, 1987, p.44).

첫째, 문제를 수학화 하려는 관점을 가지고 직관적으로 탐구하는 단계이다. 이것은 문제의 수학적 측면을 알아내고 규칙성을 발견하는 것을 의미하며 수학적 개념의 발견 또는 재발명으로 인도되어야 한다.

둘째, 학생-학생들 간의 상호작용, 교사-학생들 간의 상호작용, 학생들의 형식적 · 추상적 능력과 같은 요인들에 의존해서 현실 상황으로부터 수학적 개념을 추출하는 단계로 수학화 과정에 대한 반성이 필수적이다.

셋째, 형식화와 추상화의 단계로 수학적 개념에 관한 기술과 엄격하고 형식적인 정의가 뒤따른다.

넷째, 개념을 새로운 문제에 적용함으로써 개념을 강화하고 일반화하는 단계이다.

이러한 과정으로 정리하여 다음과 같이 그림 2와 같이 나타낼 수 있다(De Lange & Verhage, 1987, p.44).

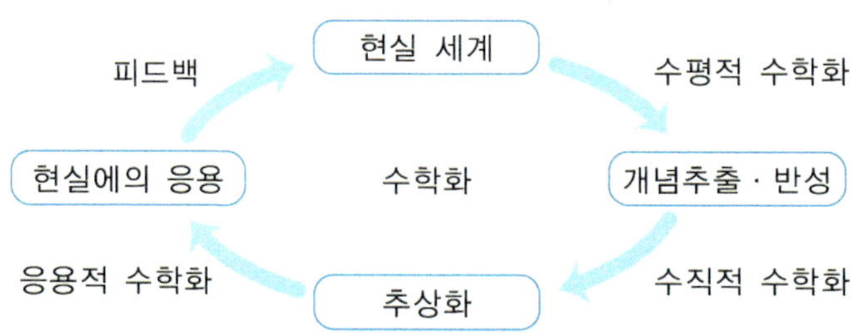

그림 2 수업에서의 수학화 과정

새로운 수학화 과정을 토대로 수학화 교수 · 학습 단계를 '문제 제기 ⇨ 직관적 탐구 ⇨ 개념추출 및 반성 ⇨ 정리 및 발전'으로 구분할 수 있다(조완영, 2006, p.424).

첫째, '문제 제기' 단계에서 학생들은 제시된 다양한 맥락의 문제를 보고 이해하며 문제 사이의 관련성을 찾아본다. 수학적으로 다양한 맥락의 문제를 포함하고 지각적으로 다양한 표현을 요구하는 문제를 제공하는 것이 중요하다. 다양한 맥락은 수학 내적 맥락과 일상적인 상황, 타교과 상황을 포함하는 수학 외적 맥락을 모두 포함한다. 시뮬레이션, 게임, 실험장면을 담은 동영상 자료 등 다양한 방법으로 문제를 제시하는 것이 효과적이다.

둘째, '직관적 탐구' 단계에서는 문제를 분석하고 직관적으로 탐구한다. 문제의 수학적 측면을 알아내고 규칙성을 발견하며 그 결과를 다양하게 표현하는 활동이 이루어진다.

다양한 맥락의 문제들을 하나의 표현 방법을 기준으로 비교해 보기도 하고, 같은 문제의 다양한 표현 사이를 비교하기도 한다. 직관적 탐구에서는 가상의 실험과 가상의 구체물이나 대화형 시뮬레이션을 이용한 조작 활동을 적극적으로 활용할 필요가 있다.

셋째, '개념추출 및 반성' 단계에서는 '직관적 탐구' 단계의 결과를 이용하여 추출한 공통성을 비형식적, 형식적으로 표현하고 그 의미를 이해한다. 직관적 탐구의 결과로 도출된 공통성 사이의 논리적 관계를 조사하고 반성하여 관련 수학적 개념의 핵심을 추출한다. 다양한 표현 사이의 번역 활동을 강조할 필요가 있다.

넷째, '추상화와 형식화' 단계에서는 추출된 핵심 공통성을 형식적이고 수학적인 기호로 표현하고 개념을 정의한다. 앞 단계의 다양한 상황, 조작, 실험 활동을 통해 직관적으로 형성된 개념 이미지를 형식적인 개념정의와 연결시킨다. 수학화의 콘텐츠에서 가장 어려운 부분이 추상화와 형식화 단계이다. 개념의 공통성과 규칙성에 대한 탐색활동 결과를 다양한 표현을 통해 비교해 보고 상호작용을 통한 반성의 과정을 거치는 것이 중요하다. 기호적이고 형식적인 표현이 가능해야 하며 기존의 다른 수학적 개념과의 관계 등도 중요한 학습 내용이다.

다섯째, '정리 및 반성' 단계에서는 구성된 수학적 개념을 이용하여 새로운 문제를 해결하고 다른 개념과의 관계 등을 조사하여 개념을 강화하고 일반화하는 활동이 이루어진다. 형식화, 추상화된 수학적 개념을 가지고 처음의 문제 상황을 재해석하는 활동도 이 단계에서 이루어진다. 이 단계가 가장 어려우며 개념을 형식화한 후에는 어느 정도의 연습활동이 필요하다.

각 단계는 선형적으로 이루어지는 것이 아니라 각 단계 사이에 상호작용이 가능하다.

프로이덴탈은 수학화를 경험시킴으로써 수학이 학습자의 안목과 인격으로 통합되는 것을 목표로 삼았다면, 브루너(Bruner)의 경우에는 '지식의 구조'를 가르침으로써 일반적 전이가 가능하게 되어 현상을 수학적 구조와 관련지어 볼 수 있는 수학적 안목을 갖는 것을 목표로 하였다고 볼 수 있다. 그러나 여기에서 말하는 현상이란 프로이덴탈의 관점과는 그 의미가 다르다. 브루너가 수학 내적인 현상이라면, 프로이덴탈의 경우에는 수학 내적 · 외적 현상을 모두 포함하는 것이며 어린 학습자에게는 수학 외적인 현상을 더 중시하는 관점이다. 프로이덴탈의 관점은 오히려 듀이(Dewey)와 일맥상통하는 것이다(김연식, 정영옥, 1997, p.14).

	브루너 구조 중심 교육과정	듀이 경험 중심 교육과정	프로이덴탈 현실 중심 교육과정
교육목표	• 일반적 전이 • 수월의 함양	• 경험의 성장 • 교양	• 수학적 태도 • 교양
교육내용	• 지식의 구조 • 핵심적 개념 · 아이디어 · 원리 • 사고방식 • 수학 내적 경험	• 아동의 경험 • 생활 사태의 경험 • 반성적 사고 • 수학 외적 경험	• 수학화 과정 • 사고방식 • 반성적 사고 • 수학 내 · 외적 경험
교육내용 선정기준	• 수학적인 중요성	• 사회생활의 필요성 • 아동의 경험 • 성장에 도움 • 아동의 경험 테두리	• 수학적으로 중요한 내용 • 아동 주변의 현상 • 교사의 능력 • 사회생활의 필요성
교육과정 조직형태	나선형 교육과정 • 하향식 • 핵심 개념의 단계별 번역 • 직선형 • 수직적 수학화	진보적 조직과정 • 상향식 • 점진적인 형식화 • 통합형 • 수평적 수학화	점진적 조직과정 • 상향식 • 수준에 따른 점진적 형식화, 학습 가닥의 혼합 • 방사형 • 수평적 · 수직적 수학화
교수원리	• 발견학습 • EIS 이론과 구체물 • 논리 → 심리	• 탐구 학습 • 원초적 자료 • 심리 → 논리	• 안내된 재발명 • 학습 수준 • 교수학적 현상학 • 심리, 역사 → 논리
인식론	절대주의 • 수학은 완성된 지식 체계	상대주의 • 수학은 인간과 환경과의 능동적인 상호작용을 통한 구성	진보된 절대주의 • 수학은 현실을 매체로 인간 고유의 능력을 바탕으로 하는 창조적인 정신적 활동

초, 중, 고등학교에서 이루어지는 함수에 대해 그 수업과 교과서 내용을 들여다보면 대부분이 현실적인 맥락보다는 수학적인 상황에서 시작된다는 것을 발견할 수 있다. 그래서 함수를 정의하고 이를 이용하여 문제를 해결하는 지도 방법으로 함수를 학습한 학생들은 다양한 수학적 활동을 경험하지 못하고, 함수 개념을 수학화하지 못한다(강옥기 외, 2012, p.240). 이러한 문제점을 해결하기 위해서는 프로이덴탈의 교수학적 현상학을 함수 지도에 도입해야 한다고 강옥기 외(2012)에서 제시하고 있다. 이것은 교과서에 제시된 함수의 형식적인 정의를 강의식으로 설명할 것이 아니라 함수의 개념이 포함된 우리 주변의 실제적인 현상을 제시해 주고, 그 현상을 변수로 사용해 표현하도록 하는, 즉 수학화하는 활동을 시켜야 한다는 것이다. 이와 더불어 고등학교 1학년 '부등식의 영역' 단원에서도 부등식 영역에 대한 형식적인 정의 "좌표평면 위에서 x, y에 대한 어떤 부등식을 만족하는 점 (x, y) 전체의 집합"을 교사가 곡선의 위쪽 혹은 아래쪽 아니면 원의 내부 혹은 외부를 좌표평면 위에 나타내어 설명한다. 그다음 내용으로 두 개 이상의 부등식을 동시에 만족하는 점 전체의 집합을 연립부등식의 영역이라고 설명하면서 연립부등식의 영역은 각 부등식 영역의 공통부분이 된다는 것을 보여줄 뿐 현실과는 아무런 관련이 없이 수학이라는 교과에서만 배워야 하는 한 내용인 것처럼 보이고 있다. 하지만 우리의 주변을 살펴보면 많은 도형으로 이루어져 있다는 것을 알 수 있는데 이런 도형을 다양한 형태의 수식을 사용하여 동시에 나타내어 본다면 수학화하는 활동이 자연스럽게 이루어질 수 있을 것이다.

제3장 공학적 도구의 활용

NCTM에서는 현대 정보화 사회에서 학생들의 '수학적 힘'의 획득을 보장하기 위해서는 문제해결 능력을 중시하고 수학적인 문제를 탐구하는 과정에서 계산기와 컴퓨터를 적절히 활용하도록 제안하고 있다(NCTM, 1992). 이러한 제안은 NCTM의 《학교수학의 원리와 규준(Principles and Standards for School Mathematics)》에서 '테크놀러지의 원리'로 더욱 구체화하여 제시하고 있다(황혜정 외 5인, 2001, p.110).

프로이덴탈(Freudenthal, 1981)은 수학교육에서 공학적 도구의 활용을 강조하였는바, '수학적 이해를 유발하고 증진시키기 위해 계산기와 컴퓨터를 어떻게 이용할 것인가?'라는 문제를 수학교육의 주요 문제 중의 하나로 설정하였다(황혜정 외, 2007, 재인용).

황혜정 외(2007)은 컴퓨터를 포함한 공학적 도구가 수학교육의 목적 추구에 있어 방법론적 측면에서 기여할 수 있는 측면을 다음과 같이 네 가지 관점에서 살펴보았다.

첫째, 수학과 학생들의 실제 경험의 연결이다. 문제해결에 공학적 도구를 도입하면 학교수학에서 학생들의 현실과 관련되는 충만한 문제들을 다룰 수 있다. 이는 결국 학생들이 주위의 여러 가지 현상을 수학적 안목으로 파악하도록 한다는 수학교육의 본질적인 목적을 추구하는 데도 일조할 수 있다는 것이다.

둘째, 수학적 대상과 관계의 구체화이다. 컴퓨터 기반 학습 환경에서 학습자와 컴퓨터의 상호 작용은 학습자의 컴퓨터 조작(입력)과 그에 따른 수학적인 즉 기호적이거나 상징적인 해석에 바탕을 두고 있으며, 컴퓨터 기반 환경에서 피드백은 해석 가능한 하나의 수학적 현상으로서 적절한 기록으로 제공된다.

셋째, 다양한 표현 체계의 연결이다. 이것은 딘즈(Dienes)의 지각적 다양성의 원리에 해당되며 함수 $y=a\sin(bx+c)+d$의 그래프의 특징을 조사할 때, 지필 환경에서 여러 가지 함수의 그래프를 그려 그 특징을 조사하기에는 매우 많은 시간이 소요되고 다양한 함수의 그래프를 그리기에도 한계가 있다. 이런 경우에 컴퓨터를 이용하여 a, b, c, d의 값을 다양하게 변화시키면서 함수 $y=a\sin(bx+c)+d$의 그래프의 공통 성질과 특징을 발견하도록 하는 것은 수학 교수·학습 방법론의 개선에 큰 도움을 준다고 할 수 있다.

넷째, 사고력 중심의 수학교육 도구이다. 컴퓨터 프로그래밍 활동은 학생이 가지고 있는 수학 지식을 절차적 지식 형태로 변환하는 과정으로써, 학생 자신의 수학적 사고를 구체적으로 적용하여 어떤 결과를 산출하는 의미 있는 활동이다. 또한, 컴퓨터 프로그래밍에서 오류수정 활동은 수학적 사고력 향상을 위한 기회로 활용될 수 있다. 오류는 예상하지 못한 곳에서 일어나고 그 오류를 제거하기 위해 반드시 프로그램을 수정 해야 하므로 학생 자신의 수학적 사고와 그것을 절차적 형태의 프로그램으로 변환하는 과정을 다시 한번 반성하는 기회를 제공한다.

1 컴퓨터를 이용한 수학 교수 · 학습 양식

황혜정 외(2007)에서는 컴퓨터를 이용한 수학 교수·학습 양식 중 '탐구 학습형' 소프트웨어를 널리 사용한다고 밝히고 있으며, 이때 탐구는 컴퓨터의 통제하에 이루어지는 것이 아니라 전적으로 학생의 통제하에 이루어진다고 제시하고 있다. 이런 양식의 특징은 학생 자신이 시각화하려는 대상을 탐구하기 위한 전략을 직접 수립해야 한다는 것이다. 그리고 도형이나 그래프, 수학적 대상을 표현하고 난 후에는 컴퓨터 화면에서 관찰할 수 있다. '탐구 학습형'의 대표적인 소프트웨어로는 Cabri-Geometry, Geometer's SketchPad (GSP), GeoGebra, GrafEq 등이 있다고 할 수 있다. 강옥기 외(2012, p.429)는 그래픽 계산나 GrafEq에서 함수식을 입력하면 즉시 입력된 함수의 그래프를 그려주기 때문에 이들을 이용하면 함수의 그래프를 쉽게 그릴 수 있다고 제시한다. 이들 중 GrafEq는 다음과 같은 특징이 있다.

(1) 함수의 그래프와 관련된 소프트웨어

양함수, 음함수, 매개변수함수, 극좌표 형식의 함수 등 다양하고 복잡한 어떤 형태의 함수라도 식을 입력하면 그래프를 쉽게 그릴 수 있다. 예를 들어, 일차함수는

$$y = mx + n, \quad \frac{(x-p)}{(y-q)} = k, \quad ax + by + c = 0$$

등 여러 가지 모양을 사용할 수 있다. 이것은 딘즈가 제시하는 수학 학습 원리 중 '지각적 다양성의 원리'에 해당한다고 볼 수 있다.

(2) 부등식의 영역 표시

예를 들어, 일차함수는

$$y \le mx + n,\ \ \frac{(x-p)}{(y-q)} \ge k,\ \ ax + by + c < 0$$

등 여러 가지 모양을 사용할 수 있다.

(3) 복잡한 그래프에서 편리하게 사용 가능

다양하고 복잡한 어떤 형태의 함수라도 그래프를 그릴 수 있을 뿐만 아니라 여러 함수의 그래프를 동시에 그릴 수 있다.

$$\left(\frac{x}{\cos x}\right)^{\cos x \cdot \left(\frac{y}{\sin y}\right)^{\sin y}} = \left(\frac{x}{\cos x}\right)^{\cos x}$$

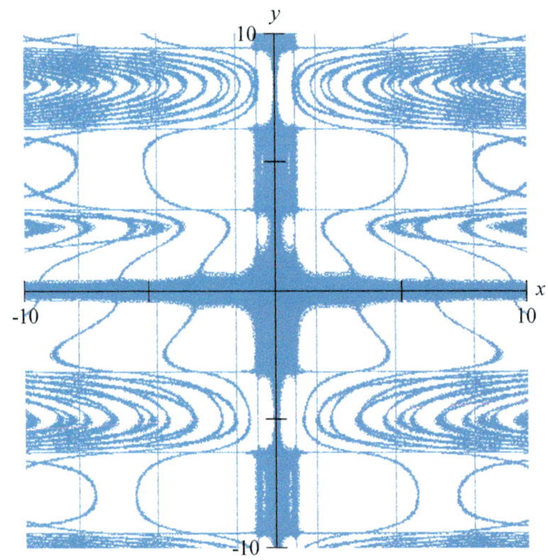

2 우리나라 교육과정

우리나라 교육과정에서 테크놀로지의 활용에 대한 인식이 나타난 것은 6차 교육과정(1992-1997)으로 볼 수 있다(강옥기 외, 2012, p.412). 이후 제7차 교육과정(1997-2007)에서는 계산기와 컴퓨터를 활용한 수업을 권장하였다(교육과학기술부, 2008).

2007 개정 교육과정의 교수 · 학습 방법에서는 교육기자재의 활용에 대해 다음과 같이

제시하고 있다(교육인적자원부, 2007).

카. 수학 교수 · 학습 과정에서 교육기자재의 활용은 다음 사항에 유의한다.

(1) 교수 · 학습의 전 과정을 통하여 적절하고 다양한 교육 기자재를 활용하여 수학 학습의 효과를 높이도록 한다.

(2) 계산 능력 배양을 목표로 하지 않는 경우의 복잡한 계산 수행, 수학적 개념 · 원리 · 법칙의 이해, 문제해결력 향상 등을 위하여 계산기, 컴퓨터, 교육용 소프트웨어 등의 공학적 도구와 다양한 교구를 확보하여 활용할 수 있다.

2009 개정 교육과정의 교수 · 학습 방법에서는 교육기자재의 활용에 대해 다음과 같이 제시하고 있다(교육과학기술부, 2011).

파. 수학 교수 · 학습 과정에서 교육기자재 및 수학 교과 교실의 활용은 다음 사항에 유의한다.

(1) 교수 · 학습의 전 과정을 통하여 적절하고 다양한 교육 기자재를 활용하여 수학 학습의 효과를 높이도록 한다.

(2) 계산 능력 배양을 목표로 하지 않는 경우의 복잡한 계산 수행, 수학의 개념, 원리, 법칙의 이해, 문제해결력 향상 등을 위하여 계산기, 컴퓨터, 교육용 소프트웨어 등의 공학적 도구와 다양한 교구를 활용한다.

(3) 구체적인 조작과 탐구 활동을 통해 수학의 개념과 원리를 이해하고 수학 주제에 대해 모둠으로 토론함으로써 수학 학습의 효율을 높일 수 있도록 수학 교과 교실을 구축하여 활용한다.

2015 개정 교육과정에서는 학생들이 수학의 지식이나 기능의 습득과 이해를 바탕으로 문제해결, 추론, 창의 · 융합, 의사소통, 정보처리, 태도 및 실천의 여섯 가지 수학 교과 역량 함양에 중점을 두고 있다(교육부, 2015.9, pp.3-4.). 이 중에서 정보처리는 생활 주변이나 사회 혹은 자연 현상으로부터 다양한 자료와 정보를 수집하고 이를 분석 및 정리하기 위해 적절한 공학적 도구나 교구를 선택, 활용하고 자료와 정보를 효과적으로 처리하는 능력에 해당된다고 할 수 있다. 과거의 교육과정과는 다르게 공학적 도구 사용의 역량을 강조하고 있는 만큼 급변하고 있는 시대에 발맞춰 학생들도 시간과 장소, 공간의

제약없이 필요하다면 언제든지 도구를 사용할 수 있도록 하는 역량을 길러주어야 한다. 공학적 도구 중의 하나인 GrafEq와 같은 교육용 소프트웨어를 사용하여 생활 주변이나 자연 현상에서 볼 수 있는 파르테논 신전과 같은 건축물이나 원이나 사각형과 같은 도형, 엠블럼이나 로고, 피보나치 곡선과 같은 형태의 그림이나 시각적 표현물을 수식으로 나타내어 봄으로써 수학이 일상생활과 밀접한 관계가 있다는 것을 느끼게 할 수 있을 뿐만 아니라 수학 학습에 대한 즐거움도 맛볼 수 있을 것이다. 더불어 수학에 대한 흥미도 높아질 것으로 기대한다. 이것은 우리가 길을 걸어가다 자주 보게 되는 자동차 번호판을 보고 수의 규칙성을 찾아보려고 생각하는 것과도 일맥상통한다고 할 수 있다. 즉 관심과 흥미가 있으면 그냥 지나쳐 버릴 수 있는 것도 탐구하고 해결해 보려는 생각을 갖게 됨으로 모든 것이 수학적 대상이 될 수 있다.

아울러, 정보 처리 능력을 함양하기 위한 교수·학습의 방법적인 측면에서는 다음 사항을 강조한다(교육부, 2015.9, pp.79-80).

① 실생활 및 수학적 문제 상황에서 적절한 자료를 탐색하여 수집하고, 목적에 맞게 정리, 분석, 평가하며, 분석한 정보를 문제 상황에 적합하게 활용할 수 있게 한다.
② 교수·학습 과정에서 적절한 교구를 활용한 조작 및 탐구 활동을 통해 수학의 개념과 원리를 이해하도록 한다.
③ 계산 능력 배양을 목표로 하지 않는 교수·학습 상황에서의 복잡한 계산 수행, 수학의 개념, 원리, 법칙의 이해, 문제 해결력 향상 등을 위하여 계산기, 컴퓨터, 교육용 소프트웨어 등의 공학적 도구를 이용할 수 있게 한다.

그리고 평가 내용이나 방법에 따라 학생에게 계산기, 컴퓨터, 교육용 소프트웨어 등의 공학적 도구와 다양한 교구를 이용할 수 있게 한다(교육부, 2015.9, p.82). 현재 보편적으로 많이 사용하고 있고 편리하고 쉽게 사용할 수 있는 소프트웨어로는 GSP, GeoGebra, GrafEq 등이 있고 이중 데모(Demo) 버전으로 학생들도 인터넷에서 쉽게 다운 받아 사용할 수 있고 수업시간에도 이용할 수 있다.

3 미국의 NCTM

강옥기 외(2012, p.413)에서는 1980년 미국의 수학교사협의회(NCTM)의 〈Agenda for Action: Recommendation for School Mathematics of the 1980's〉은 '수학 프로그램은 모든 학년에서 계산기의 이점을 최대한 활용해야 한다.'라고 제안하면서 문제해결과 더불어 컴퓨터, 계산기와 같은 테크놀로지의 활용에 대해 제시하고 있다. 또한 NCTM (1989, p.13)은 《수학교육과정과 평가의 새로운 동향(Curriculum and Evaluation Standards for School Mathematics》에서 기술공학의 변화와 수학의 응용영역의 확장은 수학 자체의 성장과 변화를 가져오기 때문에 수학과 수학의 용도를 변화시키기 위해서는 다음과 같은 기술공학적 지원의 필요성을 제안하였다.

① 모든 학생들은 언제든지 적절한 계산기를 사용할 수 있어야 한다.
② 시범을 목적으로 모든 교실에서 컴퓨터가 사용 가능해야 한다.
③ 모든 학생은 개인 또는 그룹별 학습을 위해 컴퓨터 사용이 가능해야 한다.
④ 학생들은 문제를 탐구하고 해결하기 위해, 정보를 처리하고 계산을 수행하는 도구로써 컴퓨터를 사용할 수 있어야 한다.

이러한 제안은 NCTM(2000)의 《학교수학을 위한 원리와 규준(Principles and Standards for School Mathematics》에서 다음과 같은 '공학적 도구의 원리'로 더욱 구체화하여 제시하고 있다(황혜정 외 5인, 2001, p.110, 재인용).

테크놀로지는 수학을 가르치고 배우는데 필수적인 요소이다. 테크놀로지는 가르쳐야 할 수학내용에 영향을 주며, 학생들의 수학학습능력을 높여준다. 테크놀로지는 수학적 환경을 재구성하며 학교수학은 이러한 변화를 반영해야 한다. 학생들은 테크놀로지를 적절히 이용하여 수학을 더 많이 더 깊이 학습할 수 있다. 교사는 테크놀로지를 언제, 어떻게 사용할 것인지를 신중히 결정해야 한다.

국제학업성취도 평가인 PISA[1)] 2012 지필검사에서는 계산기의 사용이 문제 풀이에 도움이 될 수 있는 문항이 포함되었으며, 특히 컴퓨터 기반 수학 평가(CBAM[2]))에서는 통계 소프트웨어, 기하 작도, 시각화 도구, 가상 측정 도구 등이 구현되어 전통적인 지필검사에서 평가하기 어려운 수학 소양을 평가하였다(조지민 외, 2011, p.14). 그리고 OECD(2010)에 따르면, 이러한 수학적 도구가 '형식화하기'에서 맥락화된 문제에서 수학적 관계를 구체화하고 형식화하여 나타내기 위해 테크놀로지를 사용하는 활동이나 근사적인 해를 구하기 위해 테크놀로지를 포함한 다양한 수학적 도구가 사용되는 활동이 포함되어야 한다고 한다.

이처럼 컴퓨터를 활용한 평가가 이루어지고 기존의 교수·학습 방법을 탈피하기 위해서는 공학적 도구의 활용이 더욱 필요하다.

4 공학적 도구인 GrafEq 활용의 교육적 효과

(1) 도구의 역할적인 측면

수학적 도구 사용은 새로운 시대를 살아가는 미래 세대의 구성원에게는 필수적으로 요구되는 기본 소양이다(김동근, 서보억, 2018, p.177). 그래서 새로운 시대를 준비하고 사회적 패러다임이 변하는 시대에 적극적으로 대응하기 위해서는 학생들의 수학적 도구 사용에 대한 역량을 신장시킬 필요가 있다. 수학적 도구 사용에 대한 역량은 주어진 과제를 해결할 때만 도구를 활용하는 것이 아니라 이미 내재된 기존의 수학적 지식을 활용하여 다른 과제나 문제 상황, 새로운 수학적 사실 탐구 등 다양하게 활용할 수 있는 역량을 함양해야 한다는 것이다. 그리고 수학적 도구를 어떻게 사용하느냐도 중요하지만 도구 자체가 가지고 있는 역할도 중요하다. 그래서 김동근·서보억(2018, pp.183-191)은 도구의 역할에 대해 다음과 같이 다섯 가지로 나누어 설명하고 있다.

첫째, 문제해결을 위한 수단으로써의 도구의 역할이다. 이것은 수학적 도구 활동의 특징은 문제해결의 주체가 바로 '자신'이라는 점과 일맥상통한다고 보고 있으며 수학적 도구와 문제해결은 학습의 주체가 학습자 자기 자신이라는 자각에서 출발한다는 점에서 수학적 도구는 학습지원자로서의 문제해결 활동의 수단이 된다고 한다.

---

1) Program for International Student Assessment

2) Computer Based Assessment of Mathematics

둘째, 추론을 위한 수단으로써의 도구가 추론에 미치는 영향을 다음 세 가지로 정리하였다.

① 도구는 과거의 경험과 현재의 활동을 연결한다. 새로운 문제해결을 위해 학생은 친숙한 도구를 사용하였을 때, 학생이 이전에 행하던 것에 추가로 이해의 양을 늘려 나가며, 반복하는 과정을 통해 새로운 활동과 관련짓도록 도울 수 있다.

② 정신적 수용 능력을 증대시킨다. 도구 사용의 이점 중의 하나는 우리가 좀 더 창조적인 사고를 하는 데 자유로울 수 있다는 점이다.

③ 사고의 조형을 도와준다. 도구는 우리가 문제에 대해 사고하는 것을 조형하고 문제해결을 개발하는 방식에 영향을 미친다. 이는 도구가 이해력 향상에 영향을 미친다는 것을 의미한다.

셋째, 창의·융합을 위한 수단으로써 도구의 역할이다. 이 역할은 수학적 교구를 활용한 수업이 창의력의 요소 중 특히 고정적인 관점, 사고방식 자체의 틀을 깨고 변화시켜 다양하고 광범위한 아이디어나 해결책을 산출해 내는 능력인 융통성과 주어진 문제를 세부적으로 검토하거나 문제에 포함된 의미를 명확하게 파악하고 문제에 모자란 부분을 찾아 보완하고 정교하게 다듬는 사고 능력인 정교성에 영향을 준다고 한다.

넷째, 의사소통 및 표현을 위한 수단으로써 도구의 역할이다. 이 역할은 도구를 사용하게 되면 의사소통을 촉진하기 때문이다. 의사소통의 표현 방식을 추적하면, 학생이 학습하고 있는 내용을 판단할 수 있는데, 좌뇌와 우뇌의 활동을 자극할 수 있도록 언어로 상황을 설명하거나 도구나 교구를 이용하여 질문에 답하고 그것들로 이해한 내용에 대한 설명을 대신하는 것으로 학생들에게 자신의 해를 되짚는 계기가 되고 명료한 생각의 구체화를 도울 수 있다. 또한, 수학적 도구는 표현을 위한 중요한 도구가 될 수 있다.

다섯째, 수학화 및 모델링을 위한 수단으로써 도구의 역할이다. 수학화란 수학의 내적·외적 상황이나 문제 속에서 수학을 창조해 가는 과정이다. 이러한 수학화가 원활히 진행되기 위해서는 현실 속의 풍부한 맥락(context)이 존재해야 하는데, 이러한 풍부한 맥락 중의 하나가 수학적 도구나 수학적 교구, 교수 매체가 사용될 수 있다.

(2) 수학 사고적인 측면

수학의 기본적인 원리, 개념, 법칙을 토대로 탐구하고, 예측하며 논리적으로 추론하는 능력, 수학을 사용하여 정보를 처리하고 교환하는 능력, 실생활이나 다른 교과 영역에서 수학적 지식을 사용하여 문제를 구성하고 해결하는 문제해결력, 창의력뿐만 아니라 수학적으로 사고하는 성향, 사고의 유연성, 자신감 등의 정의적 능력을 포함하는 제반 고등사고 능력을 수학적 힘이라고 할 수 있다(황혜정 외, pp.92-93). 이러한 수학적 힘은 공학적 도구를 적절히 활용함으로써 획득할 수 있다고 생각한다. 이에 김남희(2004)는 수학적 힘을 키우는 방안으로 예비수학교사들로 하여금 GrafEq를 활용하여 중등수학의 내용을 탐구할 수 있는 활동과제를 고안하였다. 그 결과 GrafEq를 활용한 수학디자인 활동의 수학교육적 효과를 정의적 영역과 인지적 영역 측면으로 나눠 분석하였고, 그 내용은 다음과 같다(김남희, 2004, p.413).

정의적 영역에서의 효과	① 수학에 대한 긍정적인 관점 획득
	② 수학에 대한 흥미 유발
	③ 자신의 수학적 능력에 대한 만족감, 수학 학습에 대한 의욕, 자신감 회복
	④ 수학과 생활의 연결성, 수학의 실용성, 심미성 경험
인지적 영역에서의 효과	⑤ 능동적이고 활발한 수학적 탐구 활동
	⑥ 중등수학에 대한 심화된 이해와 활용
	⑦ 시행착오 등을 통한 수학 문제해결 과정의 경험
	⑧ 수학의 특성(식의 간략화, 단순화, 형식화) 인식

다음으로 신인선, 박경민(2012)은 고등학교 1학년을 대상으로 실시한 소집단 그림그리기 활동과정에서 나타나는 학생들의 수학에 대한 흥미 변화에 대해 연구하였다. 그 결과 그래프를 활용한 소집단 그림그리기 활동은 학생들에게 수학에 대한 흥미 변화에 긍정적인 영향을 미쳤을 뿐만 아니라 이런 활동이 다양한 전략적 사고를 촉진시키는데 효과적이라고 하였다. 특히 이들은 그래프와 부등식의 영역에서 그림그리기 활동으로 나타는 전략적 사고 유형으로 비판적 사고, 유연한 사고, 발전적 사고, 유추적 사고, 통합적 사고 등을 제시하고 있으며 각각의 사고활동에서 나타나는 구체적인 예를 정리하면 다음과 같다.

비판적 사고	자신이 원하는 그림을 그리기 위해 함수의 정의역 범위 및 기울기 변화, 원의 반지름의 변화 등 변수(variable) 활용에 대한 필요성을 제기하거나 그래프를 수정 및 보완하는 모습에서 비판적 사고가 나타난다고 함.
유연한 사고	학생들은 처음 그린 그래프보다 스스로 좀 더 나은 그림을 그리기 위해 더 명확하고 정확한 그래프를 선택하는 모습에서 유연한 사고가 나타난다고 함.
발전적 사고	학생들은 활동과정 중에 나타난 의도하지 않은 오류를 다른 관점에서 해석함에 따라 스스로 새로운 것을 만드는 과정에서 발전적 사고가 나타난다고 함.
유추적 사고	학생들은 새로운 그림을 구성해가는 과정에서 이전에 사용하던 그래프를 활용하여 필요한 부분을 완성하는 과정에서 유추적 사고가 나타난다고 함.
통합적 사고	학생들은 하나의 완성된 그림을 만들기 위해 여러 가지 기본적인 그래프와 부등식의 영역을 통합하는 과정에서 통합적 사고가 나타난다고 함.

제4장 GrafEq 사용법

픽토그램을 부등식 영역으로 나타내기 위해서는 GrafEq 프로그램[3])이 사용하기 편리하며 손쉽게 조작할 수 있다. 이 장에서는 GrafEq 프로그램에 대한 간단한 사용 설명과 픽토그램을 부등식 영역으로 나타낼 때 먼저 고려해야 하는 부분이 공통 영역(교집합 부분)인 만큼 이 영역을 나타내는 방법에 대해 알아보자.

1 GrafEq을 사용하여 부등식 영역을 나타내는 방법

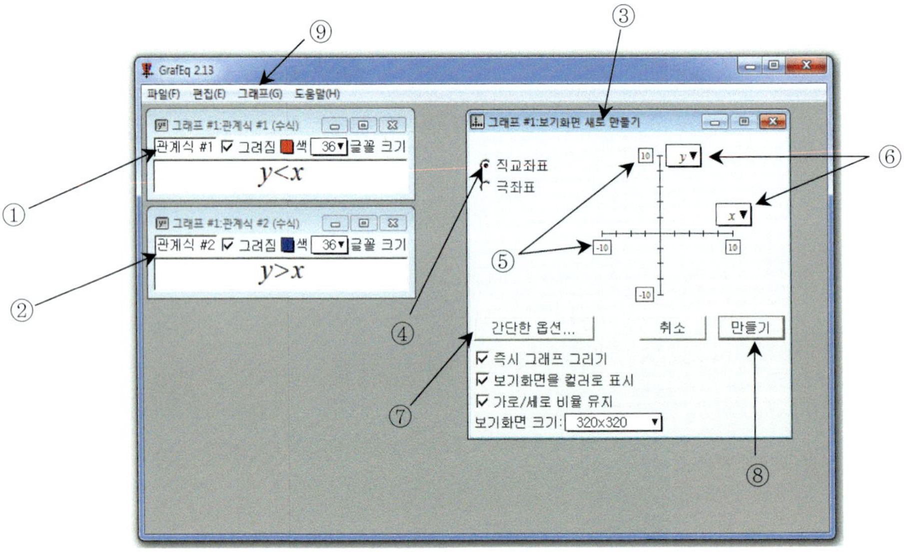

그림 3 GrafEq 첫 화면

---

3) GrafEq 프로그램은 [수학사랑(www.mathlove.kr)] → [Software(수학 소프트웨어)] → [GrafEq]를 무료로 다운로드 받을 수 있다.

1) 두 수식 '$y > x$'와 '$y < x$'를 입력 후 그래프로 나타내기

(1) ① '그래프 #1: 관계식 #1'의 입력창에 $y > x$을 입력한다. 입력 후 ⑨ '그래프(R)'를 선택한 후 '새 관계식'을 클릭하면 '그래프 #1: 관계식 #2'의 입력창이 생긴다.

(2) ② '그래프 #1: 관계식 #2'의 입력창에 $y < x$을 입력한다.

(3) 수식을 입력한 후 Enter(입력 마치기) 키를 누른다. 그러면 자동으로 ③ '그래프 #1: 보기화면 새로 만들기'의 화면이 나타난다.

(4) 나타내려는 그래프를 ④ '직교좌표나 극좌표'를 선택할 수 있다. 여기서는 모두 직교좌표로 나타내었다.

(5) ⑤ 직교좌표에서 나타내려는 정의역과 공역의 범위를 정할 수 있다. 여기서는 기본적으로 정의역의 범위가 $-10 \le x \le 10$, 공역의 범위가 $-10 \le y \le 10$로 나타난다. 그래프를 그린 후 범위를 다시 조정하고 싶다면 ⑨ '그래프(G)'를 클릭한 후 '새 보기화면'를 클릭하며 범위를 조정하면 된다.

(6) 정의역과 공역의 변수를 정할 수 있는데 기본적으로 각각 ⑥ x, y로 정해져 있다. 주어진 함수의 역함수의 그래프를 그릴 때 정의역의 변수를 y, 공역의 변수를 x로 변경하면 된다.

(7) ⑦ '간단한 옵션'을 선택하면 '즉시 그래프 그리기', '보기화면을 컬러로 표시', '가로/세로 비율 유지'가 모두 선택되어 있다. 각자 그래프를 나타내고자 하는 스타일에 따라 선택사항을 체크하면 된다.

(8) ⑧ '만들기'를 클릭하면 자신이 나타내고자 하는 그래프가 다음 그림 4와 같이 그려진다.

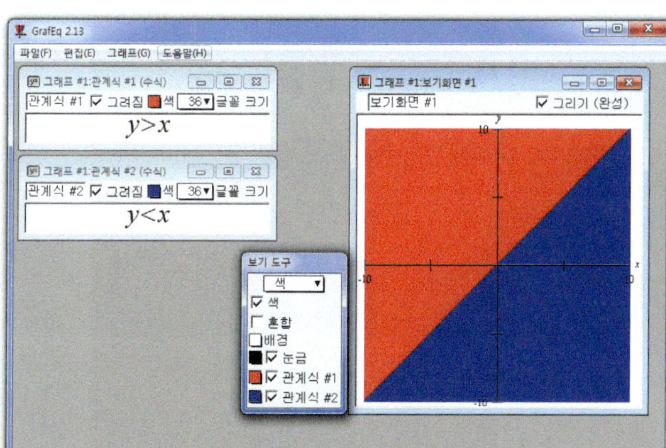

그림 4 $y > x$와 $y < x$의 부등식 영역

2) 수식 '$y > x$'의 그래프를 먼저 그린 후 '$y < x$'의 그래프 나타내기

(1) ①번 '그래프 #1: 관계식 #1'의 입력창에 $y > x$을 입력한다.

(2) ⑧번 '만들기'를 클릭하면 '$y > x$'의 그래프를 먼저 그린다. 그러면 아래 **그림 5**와 같이 그래프가 그려진다.

(3) ⑨번 '그래프(R)'을 클릭하여 '새 관계식'을 선택한다.

(4) ②번 '그래프 #1: 관계식 #2'의 입력창에 $y < x$을 입력한 후 Enter(입력 마치기) 키를 누르면 자동으로 **그림 4**와 같이 그래프가 그려진다.

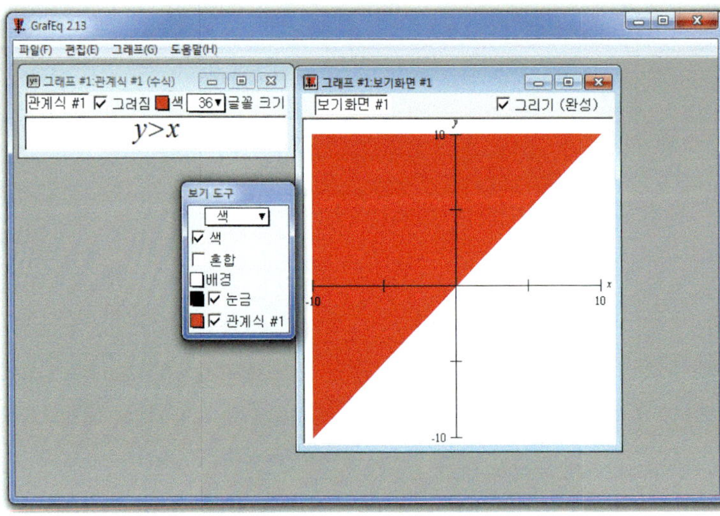

그림 5 $y > x$의 부등식 영역

3) 두 부등식 영역을 동시에 만족하는 그래프 나타내기

[예] '$y < x$'**와** '$y > -x$'**의 영역**

(1) ⑩에서처럼 $y < x$을 입력한 후 'Tab' 키를 누르면 **그림 6**과 같이 주어진 수식 입력 창 아래에 다른 입력 창이 생긴다. 여기에 $y > -x$를 입력한다. 그리고 자신이 나타내고자 하는 도형이나 그림들은 'Tab' 키를 추가적으로 클릭하여 조건에 맞는 여러 개의 수식을 입력할 수도 있다.

(2) 입력한 후 ⑪ '만들기'를 누르면 다음 **그림 7**과 같이 두 부등식의 영역을 동시에 만족하는 그래프가 나타난다. 즉 두 영역의 교집합이 나타난다고 할 수 있다.

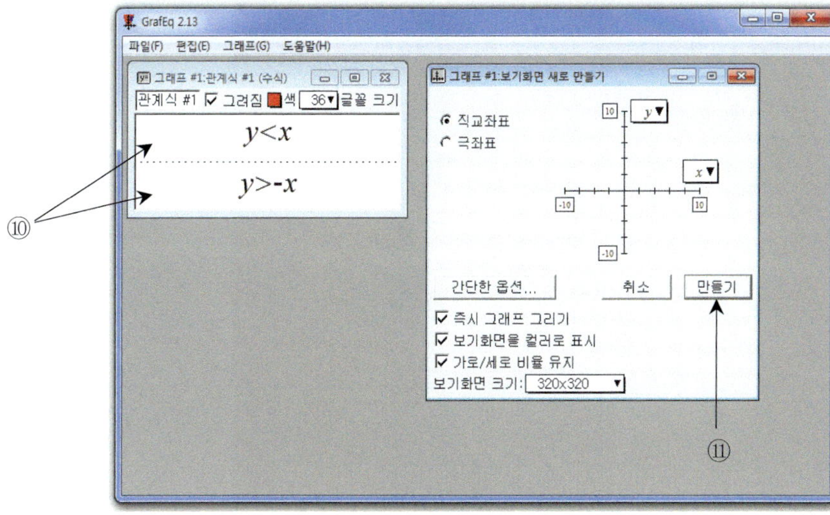

그림 6 두 부등식 영역을 동시에 나타내기 위한 첫 화면

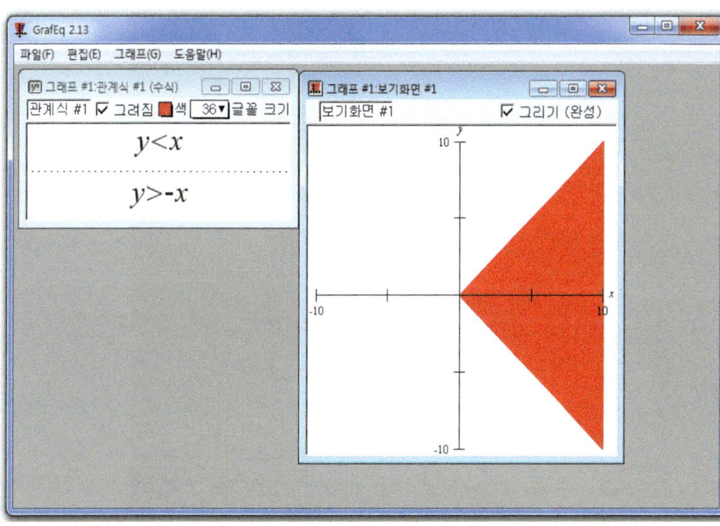

그림 7 두 부등식의 영역의 교집합을 나타낸 그래프

제5장 부등식 영역에서 GrafEq의 활용

1 부등식 영역

좌표평면에서 부등식의 영역을 어떻게 정의하는지 알아보자.

함수 $y=f(x)$가 나타내는 경계선에 의하여 좌표평면은 이 곡선의 위쪽 부분과 아래쪽 부분으로 나뉜다. 이 곡선의 위쪽 부분의 임의의 한 점 $\mathrm{P}(x, y)$를 잡고 P에서 y축에 평행한 직선 l을 그어 곡선 $y=f(x)$와의 교점을 $\mathrm{Q}(x, y')$이라 하면 $y>y'$이다.

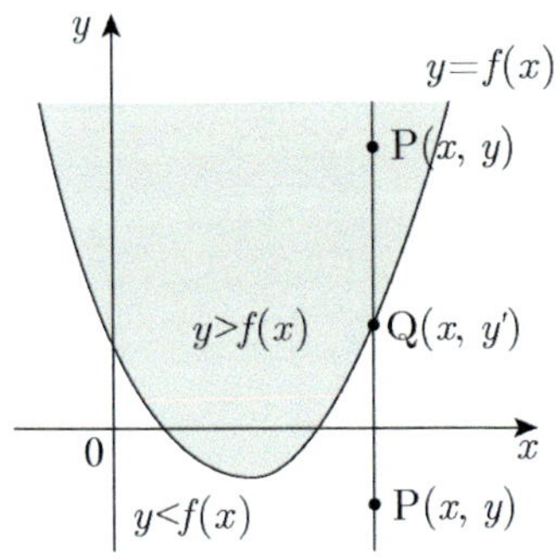

그런데 점 Q는 곡선 위의 점이므로 $y'=f(x)$이다. 따라서 곡선 $y=f(x)$의 위쪽에 있는 모든 점은 $y>f(x)$을 만족한다.

같은 방법으로 부등식 $y<f(x)$을 만족하는 모든 점은 곡선 $y=f(x)$의 아래쪽 부분에 있음을 알 수 있다.

위와 같은 방법으로 생각해 보면, $x^2+y^2<r^2$의 영역은 원 $x^2+y^2=r^2$의 내부이고, $x^2+y^2>r^2$의 영역은 원 $x^2+y^2=r^2$의 외부임을 알 수 있다.

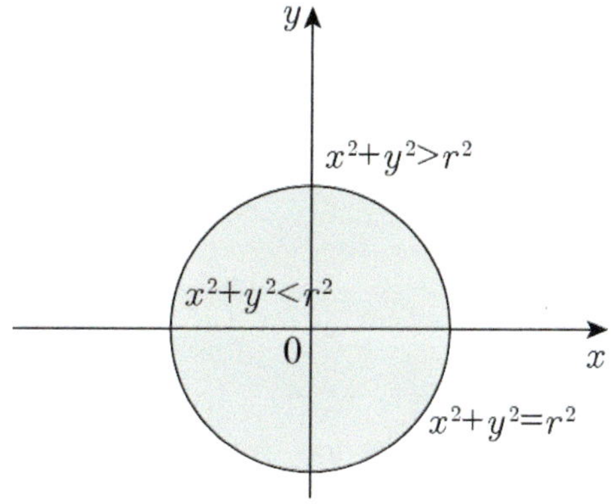

2 부등식 영역으로 나타내기

이제 좌표평면에서 가장 기본적인 그래프인 직선, 포물선, 원만을 이용한 픽토그램을 부등식 영역으로 나타내어 보고자 한다.

1) 직선을 이용한 픽토그램

위의 그림 8에서처럼 한글 '시옷'을 부등식 영역으로 나타내기 위해서는 우선 제1, 2,

그림 8 한글 시옷

3사분면에 있는 부등식의 영역 ①은

$$1.5x-y+5.25>0,\ 1.5x-y+3.45>0,\ -1\le y\le 5$$

인 연립부등식으로 우선 나타낸다. 그리고 제1, 2, 4사분면의 부등식의 영역 ②를 나타내기 위해 고려해야 할 사항은

첫째, 두 직선 $1.5x-y+5.25=0$와 $1.5x-y+3.45=0$ 사이의 거리와 같도록 부등식 영역으로 나타내어야 한다는 점이다. 만약 평행한 두 직선을 $y=mx\pm k$라고 한다면 임의의 한 점 $(x,\ y)$와 직선 $y=mx+k$ 사이의 거리는 $d=\dfrac{|2k|}{\sqrt{m^2+1}}$이다. 그러므로 부등식 영역 ②를 나타내는 수식이 x축과 만나는 두 점의 좌표를 각각 $x=q$, $x=p(p>q)$라고 할 때, 부등식 영역 ①의 두 직선 사이의 거리와 부등식 영역 ②의 두 점 사이의 거리가 같다. 즉 $|p-q|=\dfrac{|2k|}{\sqrt{m^2+1}}$인 평행한 두 직선의 기울기와 y절편의 값을 정하면 된다. 이것은 전체적인 균형감이 있어 보이도록 한 것이다. 아니면 부등식 영역 ①에서 x축과 만나는 점들 사이의 간격과 동일하게 설정해도 무방하다.

둘째, 제1, 2, 4사분면에 나타나는 영역 ②는 직선 $1.5x-y+3.45=0$의 아래쪽이기 때문에

$$1.7x+1.72y-3.72<0,\ -0.7x-0.71y+0.54<0,\ -1\le y\le 5$$

의 연립부등식에 부등식 $1.5x-y+3.45<0$을 추가해야 한다.

이처럼, GrafEq를 활용하여 픽토그램을 나타낼 때는 다음과 같은 과정으로 진행된다.

① 구현하고자 하는 픽토그램을 인식하고 선정한다.

② 구현하는데 이용될 수치나 방정식 혹은 부등식을 계획한다. 예를 들어 입력해야 할 수치나 수식을 점검해야 할 뿐만 아니라 출력되는 결과도 고려해야 한다.

③ 계획한 픽토그램을 GrafEq으로 구현한다.

④ 계획된 픽토그램이 정확하게 구현되지 않으면 오류를 확인하고 수정한다.

이런 과정은 폴리아(Polya, 1986)의 문제에 대한 이해, 계획의 작성, 실행, 반성의 네

단계와 유사하다고 할 수 있다. 또한 위의 예에서처럼 $x=q$, $x=p$사이의 거리를 구하고 평행한 두 직선의 방정식을 구하거나 평행한 두 직선 사이의 거리와 같은 $x=q$, $x=p$의 값을 구할 수 있는 것처럼 문제해결 방법에서도 다양하게 접근할 수 있을 것이고, 각자 구현한 픽토그램을 개별과제 혹은 조별과제로 제시하게 되면 상호간의 의사소통 능력도 신장시킬 수 있을 것으로 본다. 또한 학생들이 수학을 바라보는 시각도 변화시킬 수 있을 것이다.

2) 원을 이용한 픽토그램

다음 그림 9는 교과서 '지구과학Ⅰ'(최변각 외, 2015, p.241)의 달의 공전 궤도 상의 위치와 위상 변화를 나타낸 그림이다. 이 그림을 GrafEq를 이용하여 달의 모양 변화 일부를 구현한 것이 그림 10이다. 그 중 ① 초승달, ②와 ④ 상현달 사이의 달, ③ 상현달, ⑤ 보름달에 해당 된다. 달의 위치 변화에 따른 겉모양을 원을 이용하여 부등식 영역으로 나타낼 수 있다.

- 보름달은 $(x+7)^2+y^2 \le 5 \cdots$ ①,
- 상현달은 $x^2+(y-7)^2 \le 5 \cdots$ ③과 $x \ge 0$
- 초승달은 $(x-7)^2+y^2 \le 5$, $(x-6)^2+(y-1)^2 \ge 5 \cdots$ ⑤

의 연립부등식으로 나타낼 수 있다. 아울러, 위의 부등식에서 부등호 방향을 반대로 하면 내부가 외부로, 외부가 내부로 바뀌므로 나타나는 영역의 반대 방향으로 나타낼 수 있으므로 그믐달, 하현달과 같은 모양도 나타낼 수 있다. 그러면 달의 삭망월 주기[4]로 하는 달의 모양 전체도 나타낼 수 있다.

다음으로 그림 11, 12는 올림픽 오륜 마크와 자동차 엠블럼 같은 경우도 모두 원을 이용하여 부등식으로 나타내어 보았다.

---

4) 달의 위상이 다시 원래의 모양으로 돌아오는 데 걸리는 기간

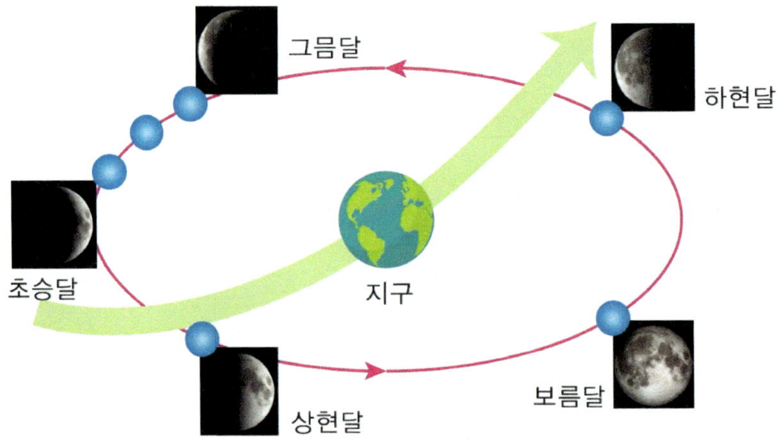

그림 9 달의 위상 변화

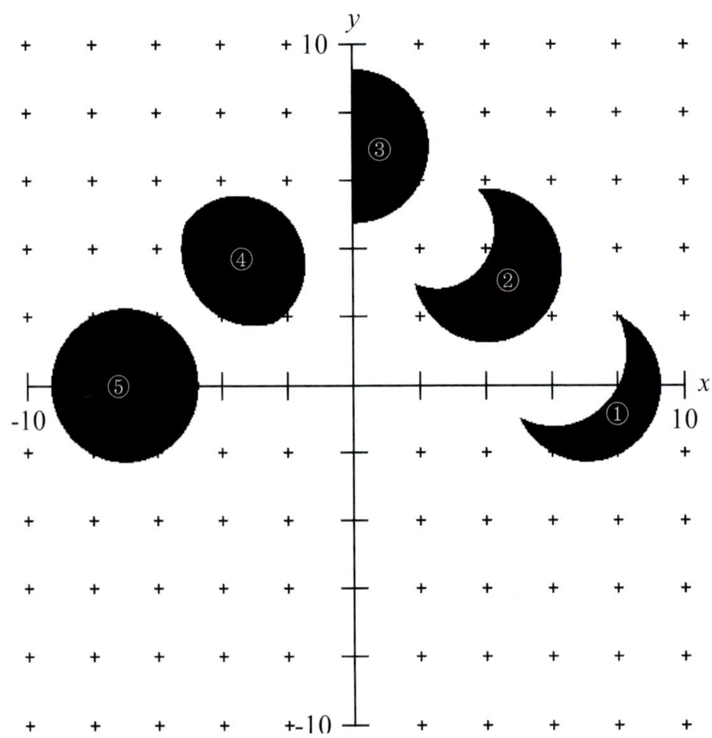

그림 10 달의 위상 변화 일부

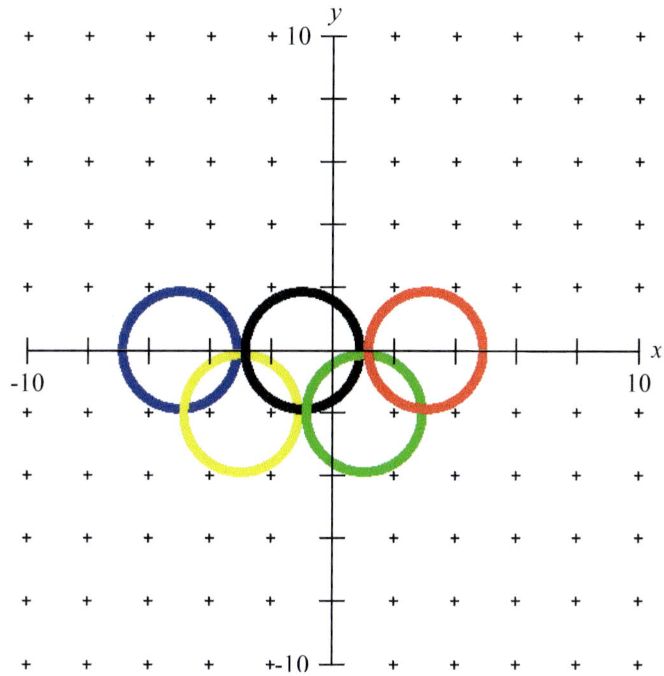

그림 11 올림픽 오륜

그림 12 자동차 엠블럼

위의 그림에서처럼, 원의 방정식을 이용하여 부등식 영역으로 나타내기 위해서는 '두 원의 위치 관계' 즉 두 원의 중심 사이의 거리와 반지름 사이의 관계를 이해하고 있어야 한다. 이 내용은 중학교 때 학습한 내용을 확인할 수 있는 계기가 될 수 있다. 그리고 그림 10은 '달의 위상 변화 일부'를 나타내었지만, 교사의 적절한 발문에 따라 '달의 위상이 달라지는 이유', '삭망월과 항성월의 차이' 등과 같은 지구과학Ⅰ 교과(최변각 외, 2015)에서 다루는 중요한 탐구내용과 연결될 수 있고, 올림픽 오륜 마크는 체육 교과와 관련이 있다. 또한, 서권수 외(2015)에 따르면 조형적 이미지를 통해 의사를 주고받거나 내용을 읽어내는 것은 미술의 중요한 기능 중의 하나라고 나타내고 있듯이 GrafEq를 활용하여 픽토그램을 구현하는 것은 수학과 타학문과 연결 가능성을 보여주는 예라고 할 수 있다. 뿐만 아니라 수학이 일상생활(자동차 엠블럼 등)과 밀접한 관계가 있다는 것을 보여주고 있다.

3) 원과 직선을 이용한 픽토그램

첫째, 그림 13은 3색 신호등이다. 이 신호등의 검은색 부분은

$$-10 \le x \le 10,\ -4 \le y \le 4$$

인 직사각형의 내부와 세 원의 영역 외부 즉

$$(x+6)^2+y^2 \ge 7,\ x^2+y^2 \ge 7,\ (x-6)^2+y^2 \ge 7$$

들의 연립부등식으로 나타내고, 제외된 세 원의 내부의 영역을 다시 개별적인 부등식들

$$(x+6)^2+y^2 \le 7,\ x^2+y^2 \le 7,\ (x-6)^2+y^2 \le 7$$

으로 나타낼 수 있다.

다음으로 그림 14의 4색 신호등에는 3색 신호등에 방향을 나타내는 화살표가 하나 더 추가되어 있다. 특히, 화살표의 ①부분은 $y=x-1.5$의 아랫부분 $y \le x-1.5$과 이 직선에 x축에 대칭인 $y=-(x-1.5)$의 윗부분 즉 $y \ge -(x-1.5)$, $1.5 \le x \le 2.9$로 나타낼 수 있다.

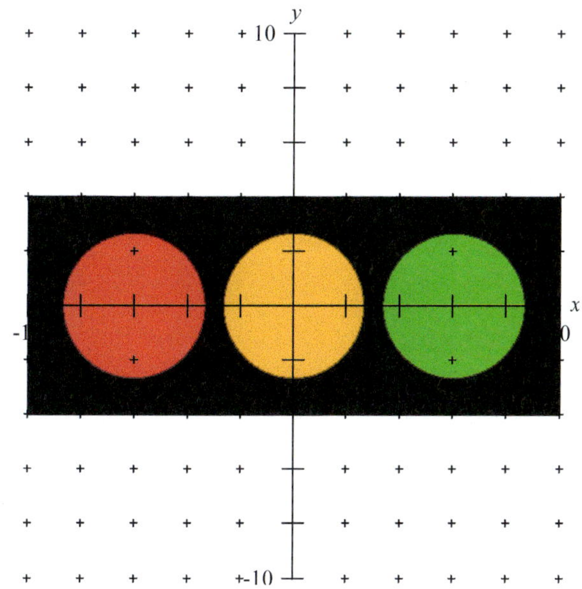

그림 13 3색 신호등

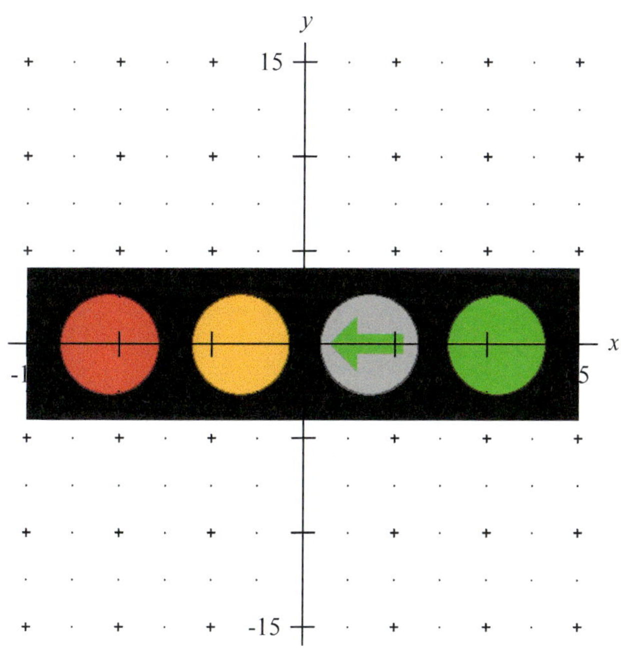

그림 14 4색 신호등

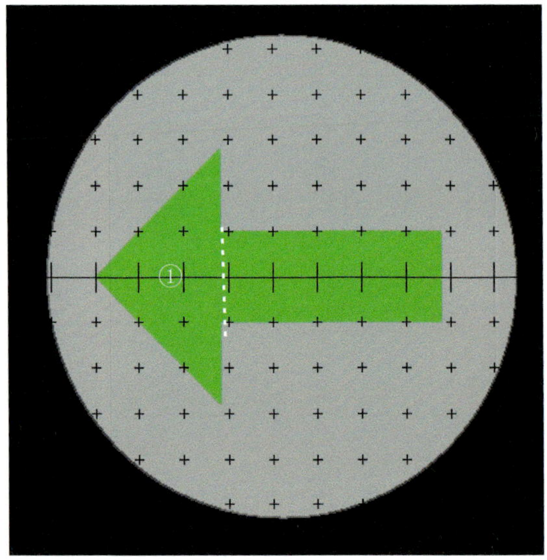

그림 15 화살표

둘째, 그림 15는 자전거 전용도로를 나타내는 노면이나 표지판에서 볼 수 있는 픽토그램이다.

- 자전거의 안장 부분은 $5.7 \le y \le 6.6,\ 1.2 \le x \le 4.5$의 범위에서

$$y \le \frac{1}{5}x + 5.8,\ y \le -\frac{1}{8}x + 6.9,\ y \ge \frac{1}{8}x + 5.25$$

  으로 연립부등식으로 나타낼 수 있고
- 바퀴 부분은 원의 방정식을 이용하면 된다.
- 핸들 부분은 직선을 이용해서 영역을 나타낼 수 있는데 다음과 같이 복잡한 부등식으로 나타낼 수 있다.

  ①의 영역은 연립방정식

$$-\frac{1}{3}(x+1)+4.6 \le y+2 \le -\frac{1}{3}(x+1)+5.1$$
$$2(x+8.5) \le y+2 \le 2(x+7)$$
$$y \ge -x-1.2$$

  으로,

  ②의 영역은

$$2.2x + 15 \le y \le 2.2x + 16$$
$$-\frac{1}{3}x + 2.7 \le y + 2 \le -\frac{1}{3}x + 5.1$$
$$y \le \frac{1}{2}x + 8.5$$

③의 영역은 연립방정식

$$-\frac{1}{3}x + 4.6 \le y \le -\frac{1}{3}x + 5.1$$
$$2(x + 4.7) \le y \le 2(x + 7.5)$$
$$y \le \frac{1}{2}x + 8.5$$

④의 영역은 연립부등식

$$x \le 0$$
$$5 \le y \le 5.7$$
$$y \ge -x - 5.7,\ 2(x + 4.7) \le y \le 2(x + 5.1)$$

으로 나타내면 자전거 핸들 부분을 디자인할 수 있다.

마지막으로 자전거의 몸체와 안장 부분을 부등식으로 표현하기는 다소 복잡하지만 직선을 이용해 연립부등식으로 충분히 나타낼 수 있다.

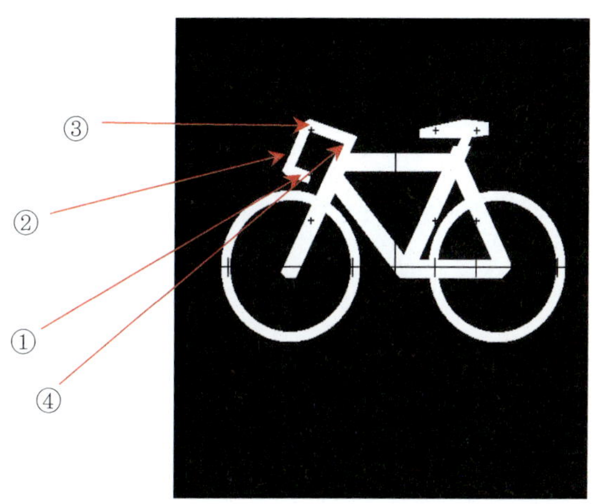

그림 16 자전거(우희원(청구고등학교 졸업생, 2018))

셋째, 그림 17은 태극문양이다. 이 태극문양의 위쪽 부분인 빨강 부분은 ①과 ②의 합집합으로 나타낼 수 있다.

①의 영역은 직선 $y=-x$의 아랫부분과 원의 내부 즉

$$(x+2\sqrt{2})^2+(y-2\sqrt{2})^2 \le 16$$

의 연립부등식으로 나타낼 수 있고,

②의 영역은 $y=-x$의 윗부분, 원의 내부 즉

$$x^2+y^2 \le 64$$

③의 영역의 외부는

$$(x-2\sqrt{2})^2+(y+2\sqrt{2})^2 \ge 16$$

의 부등식으로 나타내면 된다.

다음으로 태극문양의 아래쪽 부분인 파랑 부분은 빨강 부분을 나타내는 영역과 유사하게 ③과 ④의 합집합으로 나타내면 되고, ④의 영역을 나타낼 때는 ①의 영역의 외부를 추가해 연립부등식으로 나타내면 된다.

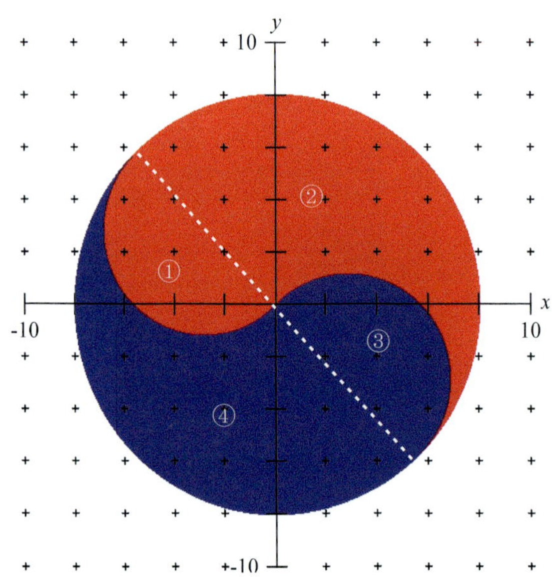

그림 17 태극문양

넷째, 그림 18은 금연을 의미하는 픽토그램으로 앞에서 이용된 여러 가지 도형들을 이용하면 충분히 나타낼 수 있다. 예를 들어, 담배 연기는 초승달을 만들 때 이용한 디자인에서 수치를 조정하면 되고, 담배 부분은 x와 y의 범위로 나타낼 수 있으므로 수식으로 나타내는 것은 생략한다. 그리고 그림 19는 런던 지하철역에서 볼 수 있는 표지판도 역시 수식으로 나타낼 수 있다.

그림 18 금연

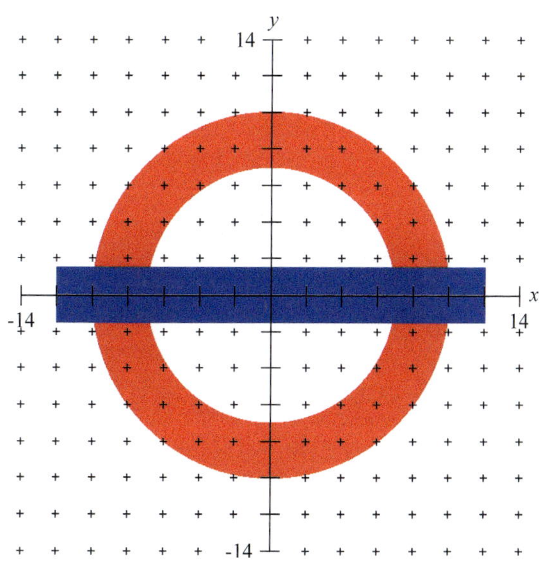

그림 19 런던 지하철 표지판

그림 15에서 화살표 방향이 좌회전을 나타내므로 우회전이나 유턴(U턴)을 나타내는 화살표도 충분히 표현할 수 있을 것이고, '우측통행', '출입금지', '일방통행' 등의 안내표지판도 직선이나 원 방정식만으로 쉽게 구현할 수 있을 것이다. 뿐만 아니라 안내표지판 등을 나타내어 봄으로써 학생들에게 안전에 대한 인식을 고취시킬 수 있을 것이다. 이처럼 수학을 통해 범교과 학습(환경, 안전, 금연 등) 기회를 제공할 수 있다. 또한, 그림 22는 30여 가지의 수식을 이용하여 나타내어 수식들이 조금은 어렵고 복잡해 보이지만 어떠한 도형들도 수식으로 나타낼 수 있다는 가능성을 보여준 것이다. 이를 통해 일상생활에서 쉽게 접할 수 있는 기하학적인 도형을 수식으로 나타내 봄으로써 수학의 심미성을 경험할 수 있을 뿐만 아니라 학생들의 동기유발이나 흥미를 유발할 수 있을 것이다

4) 직선, 포물선, 원을 이용한 픽토그램

첫째, 그림 20은 사과를 나타내는 픽토그램으로 사과의 안쪽, 씨앗, 꼭지, 나뭇잎 즉 세 부분을 각각 부등식의 영역으로 나누어 나타내 보았다.

- 사과의 안쪽 부분은 두 원의 내부 즉

$$①\text{의 영역: } (x+1)^2+y^2 \le 16$$
$$③\text{의 영역: } (x-1)^2+y^2 \le 16$$

  으로 개별적인 부등식 영역으로 나타내면 되고 좀 더 세밀하게 디자인하려면 씨앗 부분의 영역의 외부와 연립부등식으로 나타내면 된다.
- 나뭇잎 부분은 두 포물선의 내부로 즉

$$y \le -\frac{1}{12}(x-2)^2+\frac{13}{3}$$
$$y \ge \frac{1}{16}(x-4)^2+3$$

  로 나타낼 수 있는데 특히 꼭지 부분과 사과의 윗부분에 나타나도록 디자인하려면 이차함수의 그래프를 x축, y축으로 잘 평행이동 시켜야 한다.
- 꼭지 부분은 네 개의 연립부등식 즉

$$\frac{x}{-3}+\frac{y}{4} \ge 1, \quad 4 \le y \le 5.5$$

$$0 \leq x \leq 1.4, \quad \frac{x}{-0.8}+\frac{y}{4} \geq 1$$

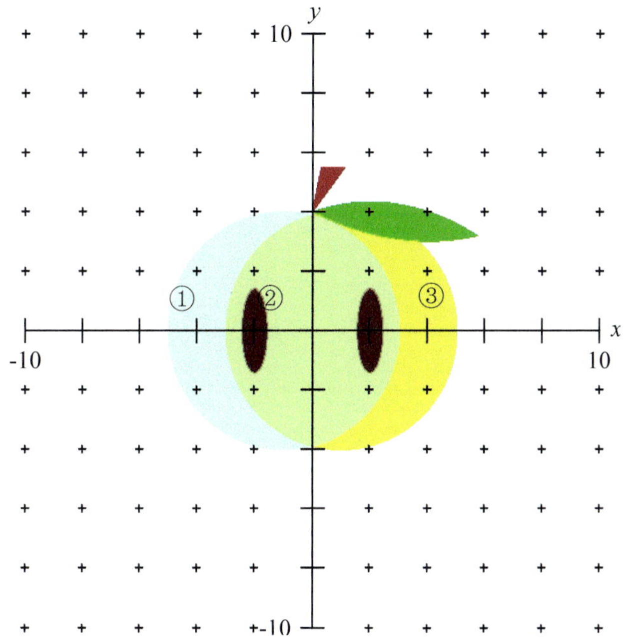

그림 20 사과

으로 나타낼 수 있다. 특히 직선의 방정식 $\frac{x}{a}+\frac{y}{b}=1$의 꼴을 이용하면 x절편, y절편을 쉽게 찾을 수 있어서 사과의 꼭지 부분을 수월하게 디자인할 수 있다.

- 마지막으로 사과의 씨앗 부분은 달의 위상 변화를 디자인할 때처럼 두 원의 부등식 영역으로 나타낼 수도 있다. 하지만 좀 더 세밀하게 디자인을 하려면 장축이 y축에 있는 타원으로 부등식 영역 즉 $\frac{(x+2)^2}{0.2}+\frac{y^2}{2} \leq 1$으로 나타내면 씨앗 부분이 좀 더 자연스러운 느낌이 나도록 나타낼 수 있다.

둘째, 새마을 운동 마크인 그림 21을 부등식으로 나타내어 보자.

①의 영역은 위로 볼록인 이차함수의 아랫부분과 아래로 볼록인 위쪽 부분의 연립부등식 즉

$$y \leq -\frac{1}{14}(x+3.7)^2+1.9$$

$$y \le -\frac{1}{16}(x+3.2)^2+0.3$$

으로 나타낼 수 있으며,

②의 영역은 영역 ①을 y축에 대칭이 되도록 연립부등식을 세우면 된다.

③의 영역은 y축에 대칭이 되도록 두 원의 내부 즉

$$(x+4.2)^2+(y-3.8)^2 \le 25$$
$$(x-4.2)^2+(y-3.8)^2 \le 25$$

의 연립부등식으로 나타내면 된다.

④의 영역도 역시 y축에 대칭인 직선들의 부등식 즉

$$y \le 4(x+0.5)+0.5$$
$$y \le 4(-x+0.5)+0.5$$

으로 나타내면 새마을 운동의 마크를 디자인할 수 있다.

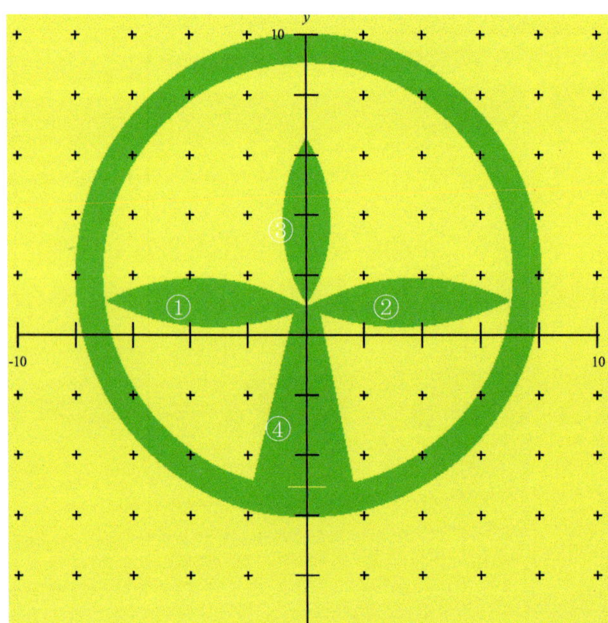

그림 21 새마을 운동

그림 20에서처럼 사과 모양의 픽토그램은 두 원이 만나도록 디자인되었으므로 두 원

의 교점을 지나는 공통현의 직선방정식 혹은 공통현의 길이도 구해 봄으로써 문제해결력을 신장시킬 수 있을 것이다. 또한, 그림 20, 21에서처럼 나타낸 픽토그램들이 좀 더 자연스럽게 구현되도록 하려면 다른 수식들이 필요하다는 것을 인지할 수 있을 것이고 특히 '기하와 벡터'의 이차곡선 단원에서 타원, 쌍곡선 등을 이용해서 나타내 볼 수 있다는 도전 정신도 고취시킬 수 있을 것이다. 그리고 블룸과 숀(Blume & Schoen, 1988)은 학습자가 컴퓨터 프로그래밍을 수행하는 과정에서 수학 문제해결로 전이될 가능성이 있다고 하였다. 또한 신동선, 류희찬(1998)도 마찬가지로 컴퓨터 프로그래밍의 경험을 통해 문제해결에 긍정적인 효과를 준다고 강조한 것처럼, 교육용 소프트웨어 GrafEq을 활용하여 여러 가지 픽토그램을 구현하는 과정 속에서 그래프들 사이의 교점 좌표, 정확하고 대칭적인 그래프를 그리기 위해서는 직접 계산을 통해 문제를 스스로 해결해야 한다. 이런 활동을 통해 학생들은 문제해결에 필요한 수학적 개념이나 공식들을 이용하게 됨으로써 문제해결력을 기를 수 있을 것이라 생각한다.

5) 기타

다음은 일상생활 속에서 쉽게 접할 수 있는 상표, 주차금지, 컴퓨터 프로그램 중의 하나인 아이콘 등의 픽토그램을 부등식 영역으로 나타내어 보았다.

그림 22 상표

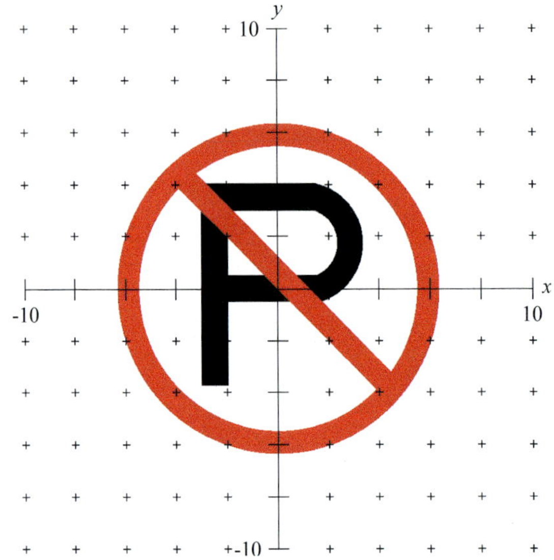

그림 23 주차 금지

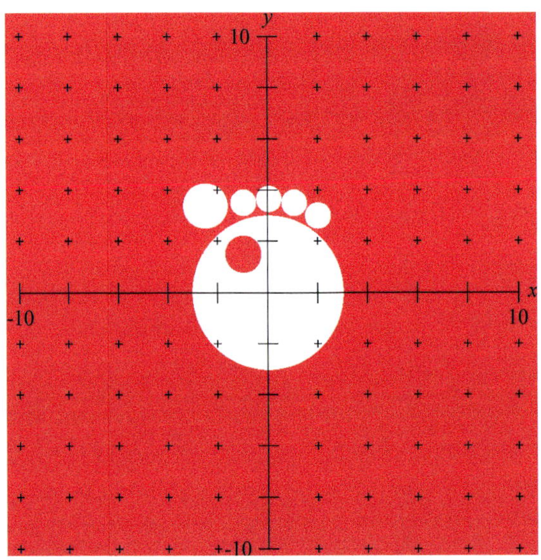

그림 24 곰플레이어 아이콘

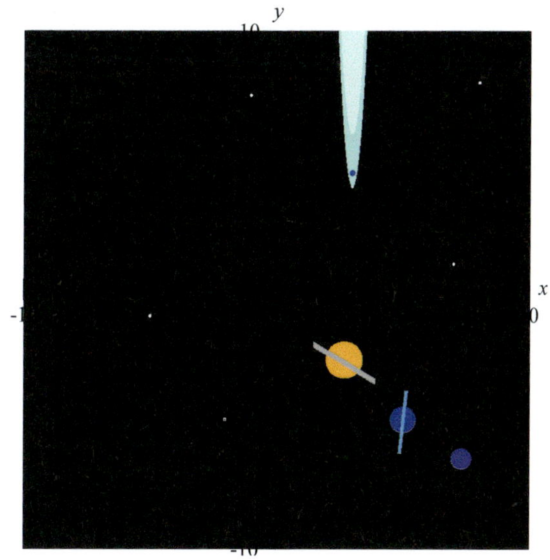

그림 25 태양계

위의 픽토그램들은 일상생활에 쉽게 접할 수 있던 도형들이다. 이 도형들을 직선, 원, 포물선 등의 수식으로 나타낼 수 있다는 것을 확인할 수 있다. 그리고 여러 형태의 미술 작품을 단순화하거나 모양과 색을 달리하여 창의적인 픽토그램을 만들 수 있다고 한다(서권수 외, 2015). 이처럼 남들과 차별화된 자신만의 독창적인 픽토그램을 디자인 해 보는 과정 속에서 창의성도 신장시킬 수 있을 것이다.

제6장 GrafEq 활용 사례

1 한글과 알파벳

(1) 공감

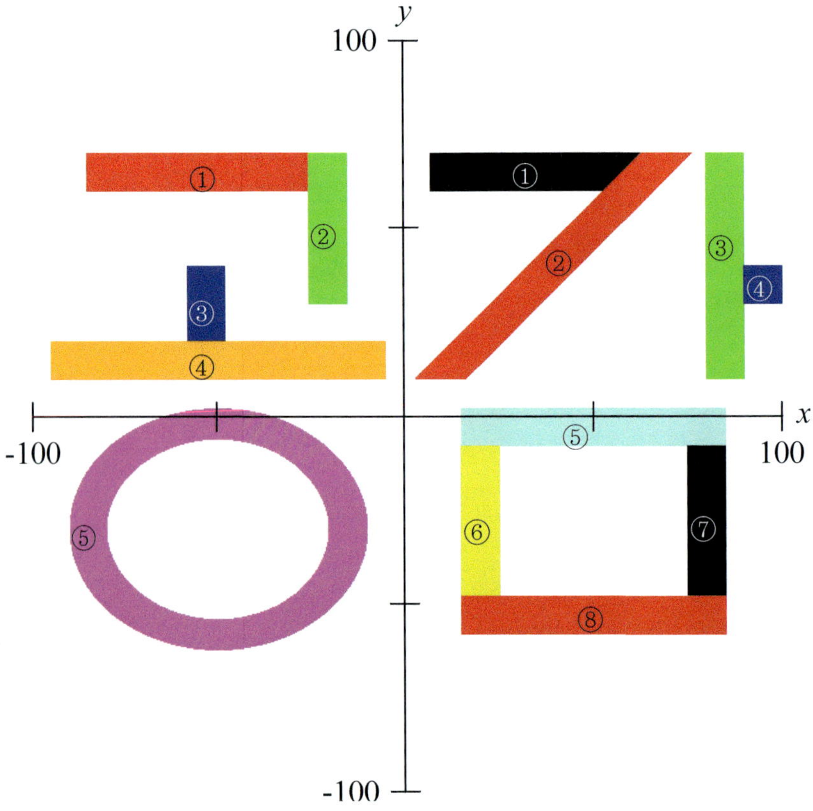

TIP

'공감'이라는 글자를 수식으로 나타내기 위해서는 각 사분면에 들어갈 자음이나 모음을 균형감 있게 배분하여 수식을 작성하면 좋을 듯하다. 특히 가로와 세로의 폭이 동일하게 수식을 만드는 것이 중요하고 'ㅇ'자의 굵기도 같게 해 주도록 수식을 만들 수 있으면 더 좋을 것 같다.

입력 수식들

공		감	
ㄱ(기역)		ㄱ(기역)	
①	$\begin{cases} -85 < x < -25 \\ 60 < y < 70 \end{cases}$	①	$\begin{cases} 7 < x < 77 \\ 60 < y < 70 \\ y > x+7 \end{cases}$
②	$\begin{cases} -25 < x < -15 \\ 30 < y < 70 \end{cases}$	②	$\begin{cases} y < x+7 \\ 10 < y < 70 \\ y > x-6 \end{cases}$
ㅗ(오)		ㅏ(아)	
③	$\begin{cases} -58 < x < -48 \\ 20 < y < 40 \end{cases}$	③	$\begin{cases} 80 < x < 90 \\ 10 < y < 70 \end{cases}$
④	$\begin{cases} -58 < x < -48 \\ 20 < y < 40 \end{cases}$	④	$\begin{cases} 90 < x < 100 \\ 30 < y < 40 \end{cases}$
ㅇ(이응)		ㅁ(미음)	
⑤	$\begin{cases} \dfrac{(x+50)^2}{40^2} + \dfrac{(y+30)^2}{32^2} < 1 \\ \dfrac{(x+50)^2}{30^2} + \dfrac{(y+30)^2}{24^2} > 1 \end{cases}$	⑤	$\begin{cases} 15 < x < 85 \\ -8 < y < 2 \end{cases}$
		⑥	$\begin{cases} 15 < x < 25 \\ -48 < y < -8 \end{cases}$
		⑦	$\begin{cases} 75 < x < 85 \\ -48 < y < -8 \end{cases}$
		⑧	$\begin{cases} 15 < x < 85 \\ -58 < y < -48 \end{cases}$

(2) 홍길동

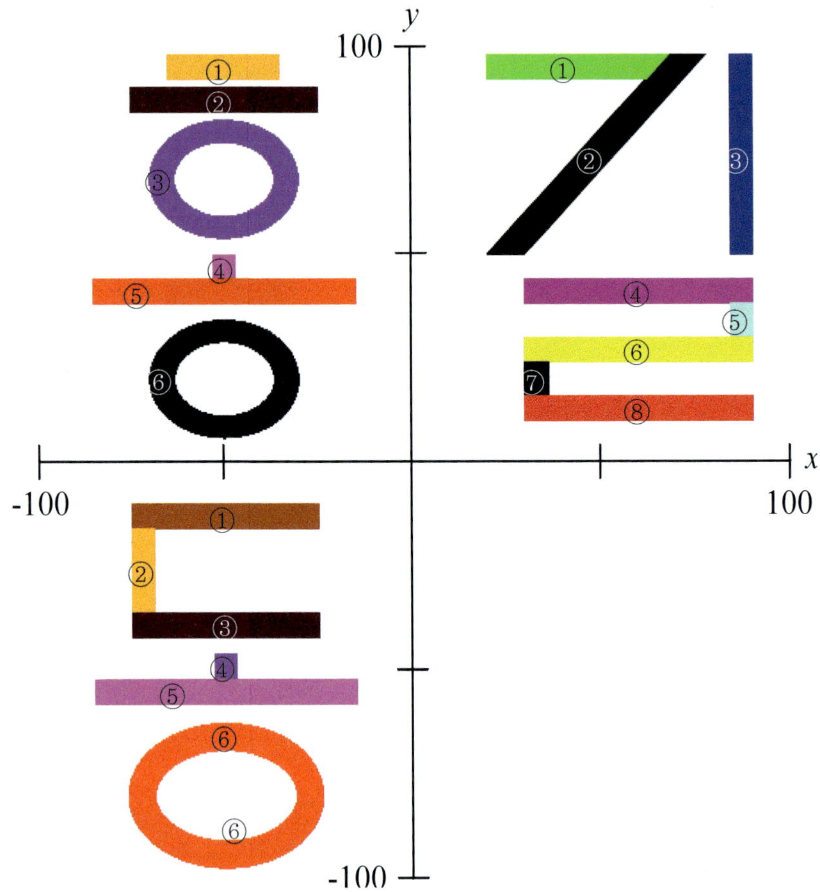

TIP

'홍길동'이라는 세 글자를 수식으로 만들어 보았다. 학생들에게는 도전 정신이나 흥미를 이끌어 낼 수 있는 방법 중의 하나로 자신의 이름을 만들어 보면 좋을 것이다. 또한, 쉽지는 않겠지만 쌍자음이나 받침이 들어가는 글자를 만들어 보도록 하는 것도 좋은 도전 과제가 될 것 같다.

입력 수식들

홍	
①	$\begin{cases} -65 < x < -35 \\ 92 < y < 98 \end{cases}$
②	$\begin{cases} -75 < x < -25 \\ 84 < y < 90 \end{cases}$
③	$\begin{cases} \frac{(x+50)^2}{400} + \frac{(y-68)^2}{200} < 1 \\ \frac{(x+50)^2}{180} + \frac{(y-68)^2}{80} > 1 \end{cases}$
④	$\begin{cases} -53 < x < -47 \\ 44 < y < 50 \end{cases}$
⑤	$\begin{cases} -85 < x < -15 \\ 38 < y < 44 \end{cases}$
⑥	$\begin{cases} \frac{(x+50)^2}{400} + \frac{(y-20)^2}{200} < 1 \\ \frac{(x+50)^2}{180} + \frac{(y-20)^2}{80} > 1 \end{cases}$

동	
①	$\begin{cases} -75 < x < -25 \\ -16 < y < -10 \end{cases}$
②	$\begin{cases} -75 < x < -69 \\ -36 < y < -16 \end{cases}$
③	$\begin{cases} -75 < x < -25 \\ -42 < y < -36 \end{cases}$
④	$\begin{cases} -53 < x < -47 \\ -52 < y < -46 \end{cases}$
⑤	$\begin{cases} -85 < x < -15 \\ -58 < y < -52 \end{cases}$
⑥	$\begin{cases} \frac{(x+50)^2}{680} + \frac{(y+80)^2}{300} < 1 \\ \frac{(x+50)^2}{360} + \frac{(y+80)^2}{120} > 1 \end{cases}$

길	
①	$\begin{cases} 20 < x < 70 \\ 92 < y < 98 \\ x - y < -30 \end{cases}$
②	$\begin{cases} x - y < -20 \\ x - y > -30 \\ 50 < y < 98 \end{cases}$
③	$\begin{cases} 84 < x < 90 \\ 50 < y < 98 \end{cases}$
④	$\begin{cases} 30 < x < 90 \\ 38 < y < 44 \end{cases}$
⑤	$\begin{cases} 84 < x < 90 \\ 30 < y < 38 \end{cases}$
⑥	$\begin{cases} 30 < x < 90 \\ 24 < y < 30 \end{cases}$
⑦	$\begin{cases} 30 < x < 36 \\ 16 < y < 24 \end{cases}$
⑧	$\begin{cases} 30 < x < 90 \\ 10 < y < 16 \end{cases}$

(3) 훈민정음

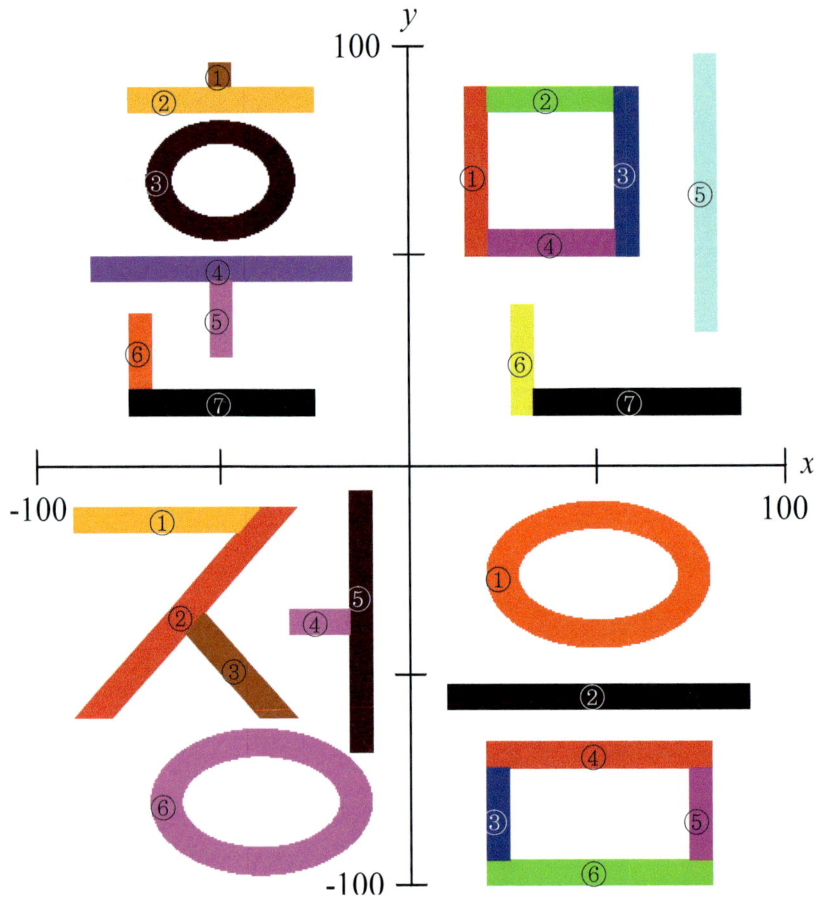

TIP

각 사분면의 글자가 x축, y축으로부터 일정한 간격을 유지하도록 수식을 입력하여야 전체적으로 안정감 있게 보인다. 또한 앞에서 입력한 수식을 기초로 자신이 원하는 크기로 변형하면 도움이 될 것이고 제일 우선 고려하면 좋은 것은 'ㅇ'자의 굵기를 다른 글자에 적용하면 좋을 듯하다.

입력 수식들

훈		민	
①	$\begin{cases} -53 < x < -47 \\ 90 < y < 96 \end{cases}$	①	$\begin{cases} 15 < x < 21 \\ 50 < y < 90 \end{cases}$
②	$\begin{cases} -75 < x < -25 \\ 84 < y < 90 \end{cases}$	②	$\begin{cases} 21 < x < 55 \\ 84 < y < 90 \end{cases}$
③	$\begin{cases} \dfrac{(x+50)^2}{400} + \dfrac{(y-68)^2}{200} < 1 \\ \dfrac{(x+50)^2}{180} + \dfrac{(y-68)^2}{80} > 1 \end{cases}$	③	$\begin{cases} 55 < x < 61 \\ 50 < y < 90 \end{cases}$
④	$\begin{cases} -85 < x < -15 \\ 44 < y < 50 \end{cases}$	④	$\begin{cases} 76 < x < 82 \\ 32 < y < 98 \end{cases}$
⑤	$\begin{cases} -53 < x < -47 \\ 26 < y < 44 \end{cases}$	⑤	$\begin{cases} 21 < x < 55 \\ 50 < y < 56 \end{cases}$
⑥	$\begin{cases} -75 < x < -69 \\ 18 < y < 36 \end{cases}$	⑥	$\begin{cases} 27 < x < 33 \\ 12 < y < 38 \end{cases}$
⑦	$\begin{cases} -75 < x < -25 \\ 12 < y < 18 \end{cases}$	⑦	$\begin{cases} 33 < x < 88 \\ 12 < y < 18 \end{cases}$

정		음	
①	$\begin{cases} -90 < x < -40 \\ -16 < y < -10 \\ x-y < -30 \end{cases}$	①	$\begin{cases} \dfrac{(x-50)^2}{880} + \dfrac{(y+26)^2}{300} < 1 \\ \dfrac{(x-50)^2}{460} + \dfrac{(y+26)^2}{120} > 1 \end{cases}$
②	$\begin{cases} x-y < -20 \\ x-y > -30 \\ -60 < y < -10 \end{cases}$	②	$\begin{cases} 10 < x < 90 \\ -58 < y < -52 \end{cases}$
③	$\begin{cases} x+y > -100 \\ x+y < -90 \\ x-y > -200 \\ -60 < y < -10 \end{cases}$	③	$\begin{cases} 20 < x < 26 \\ -94 < y < -72 \end{cases}$
④	$\begin{cases} -32 < x < -16 \\ -40 < y < -34 \end{cases}$	④	$\begin{cases} 20 < x < 80 \\ -72 < y < -66 \end{cases}$
⑤	$\begin{cases} -16 < x < -10 \\ -68 < y < -6 \end{cases}$	⑤	$\begin{cases} 74 < x < 80 \\ -94 < y < -72 \end{cases}$
⑥	$\begin{cases} \dfrac{(x+40)^2}{880} + \dfrac{(y+80)^2}{300} < 1 \\ \dfrac{(x+40)^2}{460} + \dfrac{(y+80)^2}{120} > 1 \end{cases}$	⑥	$\begin{cases} 20 < x < 80 \\ -100 < y < -94 \end{cases}$

자랑스러운 한글

1. 한글의 우수성

우리는 우리말을 정확하게 소리 내어 표기할 수 있는 문자인 한글이 있지만 어순도 다른 영어를 어릴 때부터 배울 때나 외국에서 영어를 한마디를 못 할 때와는 다르게 이제는 K팝이나 영화, 드라마를 통해 외국인들이 우리말을 배우고 쓰고 있는 것을 볼 때 새삼 뿌듯할 때가 많다. 세상에는 많은 민족과 언어가 있지만 자기 고유의 문자를 가진 나라는 과연 몇 개의 나라가 있을까? 세계적으로 가장 많이 쓰이는 언어는 1위가 중국어, 2위가 스페인어, 3위가 영어라고 하는데 한글은 14위에 올라있다고 한다.

한글이 다른 문자와 달리 독창적이고 과학적인 까닭은 무엇일까? 간혹 TV 방송 프로그램 중에 한국에서 생활하고 외국인이 자신의 친구들을 초청하여 우리나라를 여행하는 모습을 보여주면서 인기를 끌고 있는 프로그램이 있다. 그 중 독일의 한 친구는 한글의 기본 원리만 알면 굉장히 과학적인 문자라며 놀라는 모습을 보여주었고 금세 몇 개의 단어를 발음하는 모습을 보여주기도 한다. 한글의 원리만 알면 배우기 쉬운 문자라는 것을 느낄 수 있었다. 이것은 세계 여러 나라에서 사용하고 있는 문자는 대부분 알파벳이나 한자 등 이웃한 선진국의 문자를 빌려다가 자기 나라의 실정에 맞게 고쳐 사용하는 경우가 많지만, 한글은 발음기관과 천지인(天地人)의 모양을 본떠 독창적으로 만든 문자이다. 그리고 한글은 음성 문자이기 때문에 소리로 표현되는 그 어떤 언어도 한글로의 표기가 가능하다(김영욱, 2010, p.219). 또한 정화성(2017, p.129)에 따르면 한글은 활용성이 매우 뛰어나서 자음과 모음을 조합시킨 40개의 음운으로 모든 소리를 표현할 수 있다고 한다. 그리고 일본어는 300여 개, 중국어는 400여 개의 소리를 표현할 수 있는데 비해 한국어로만 1만 1천여 개의 소리를 표현할 수 있다하니 이 얼마나 놀라운가? 한글에서 사용되는 자음과 모음은 기본 자음 14개, 기본 모음 10개로 모두 24개가 있다. 여기에 겹자음 5개와 이중모음 11개를 합치면 모두 40개가 된다.

자음 (19개)	기본 자음(14개)	ㄱ, ㄴ, ㄷ, ㄹ, ㅁ, ㅂ, ㅅ, ㅇ, ㅈ, ㅊ, ㅋ, ㅌ, ㅍ, ㅎ
	겹자음(5개)	ㄲ, ㄸ, ㅃ, ㅆ, ㅉ
모음 (21개)	기본 모음(10개) -단모음	ㅏ, ㅔ, ㅓ, ㅐ, ㅗ, ㅚ, ㅜ, ㅟ, ㅡ, ㅣ
	이중모음(11개)	ㅑ, ㅒ, ㅕ, ㅖ, ㅘ, ㅙ, ㅛ, ㅝ, ㅞ, ㅠ, ㅢ

여러 나라에서 쓰고 문자들이 만들어진 시기나 만든 사람, 글자의 원리나 사용법 등이 정확하게 기록으로 남아있는 문자는 세계 어느 민족, 어느 나라에서도 찾아볼 수 없으며 세종대왕이 만든 우리 한글이 유일하다(정은균, 2011, pp.65-66). 그리고 대부분의 사람들이 많이 사용하고 있는 핸드폰에서 서로 문자를 주고받을 때 한글처럼 간략하게 메시지를 주고받을 수 있는 문자가 몇 가지나 있을까? 다음은 한글로 핸드폰에서 문자 메시지를 보낼 때 많이 사용하는 자판은 크게 두 가지 즉 '천지인' 방식 자판 배열과 '나랏글' 방식 자판 배열이 있다.

'천지인' 방식 자판 배열

1 ㅣ	2 •	3 ㅡ
4 ㄱ ㅋ ㄲ	5 ㄴ ㄹ	6 ㄷ ㅌ ㄸ
7 ㅂ ㅍ ㅃ	8 ㅅ ㅎ ㅆ	9 ㅈ ㅊ ㅉ
*	0 ㅣ	#

'나랏글' 방식 자판 배열

1 ㄱ	2 ㄴ	3 ㅏ ㅓ
4 ㄹ	5 ㅁ	6 ㅗ ㅜ
7 ㅅ	8 ㅇ	9 ㅡ
*	0 ㅣ	#

2. 한글과 아이콘

아이콘도 픽토그램과 비슷한 기능을 한다. 컴퓨터 화면을 보면 프로그램이나 데이터 파일들을 조그만 그림 또는 기호로 나타냈는데, 이것들이 바로 아이콘이다. 또한 스마트폰을 보면 각종 응용 프로그램을 표시한 그림들이 있다. 이것은 애플리케이션(application)을 줄인 앱(app)이라고 하는데 이 또한 아이콘이다(정화성, 2017, pp.140~141). 이 아이콘이 한글과도 잘 어울린다. '♡해요'라고 쓰면, 한국인이라면 누구나 이것을 '사랑해요'라고 읽는다. '♡한다, ♡으로'처럼 아이콘이 한글의 일부처럼 자연스럽게 어울리는데 이것은 세종대왕이 우리에게 베풀어 준 선물이 아닌가 생각한다(김영욱, 2010, p.237). 그리고 이것과 비슷하게 사용하는 이모티콘이 있다. 이모티콘(emoticon)은 감정을 뜻하는 '이모션(emotion)'과 '아이콘(icon)'의 합성어인데 컴퓨터 자판의 문자, 기호, 숫자 등을 활용하여 여러 가지 뜻을 나타낼 수 있다. 이모티콘은 표현하기 어려운 감정을 빠르고 편리하게 전달한다는 장점이 있다. 최근에는 메신저나 채팅 서비스 개발자들이 독자적인 그림을 만들어 이용자들에게 제공하고 있는데 그림 위주의 이모티콘은 주로 휴대전화에 많이 쓰이고 있다(정화성, 2017, p.142).

참고문헌

김영욱(2010). 세종이 발명한 최고의 알파벳 한글. 서울 : 루덴스.
정은균(2011). 한글 이야기. 경기도 : 청년사.
정화성(2017). 둥글둥글 지구촌 문자이야기. 서울 : 도서출판 풀빛.

(4) A, Z

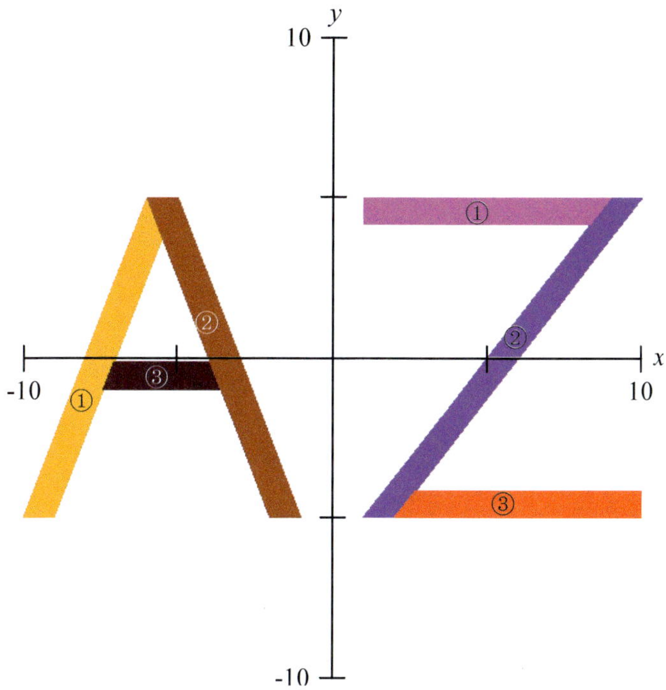

TIP

알파벳 'A', 'Z'자를 수식으로 나타낸 것이다. 수식을 만들 때 주의해야 하는 것은 글자의 굵기를 같게 하는 것이다. 가로와 세로의 폭은 쉽게 설정할 수 있으므로 대각선으로 그려진 부분의 간격을 우선 정한 뒤 다른 부분의 폭도 대각선으로 그려진 부분의 간격과 동일하게 하면 된다. 또한 평행한 두 직선 사이의 거리를 직접 계산할 수도 있지만 GeoGebra와 같은 소프트웨어를 이용하면 수식을 구하는 데 도움을 얻을 수 있다.

입력 수식들

A		Z	
①	$\begin{cases}5x-2y>-40\\5x-2y<-35\\5x+2y<-20\\-5<y<5\\-10<x<-5\end{cases}$	①	$\begin{cases}5x-4y<25\\1<x<9\\4.15<y<5\end{cases}$
②	$\begin{cases}5x+2y<-15\\5x+2y>-20\\-5<y<5\end{cases}$	②	$\begin{cases}5x-4y>25\\5x-4y<30\\-5<y<5\end{cases}$
③	$\begin{cases}5x+2y<-20\\5x-2y\geq-35\\-1<y<-0.15\end{cases}$	③	$\begin{cases}5x-4y>30\\2<x<10\\-5<y<-4.15\end{cases}$

(5) TED

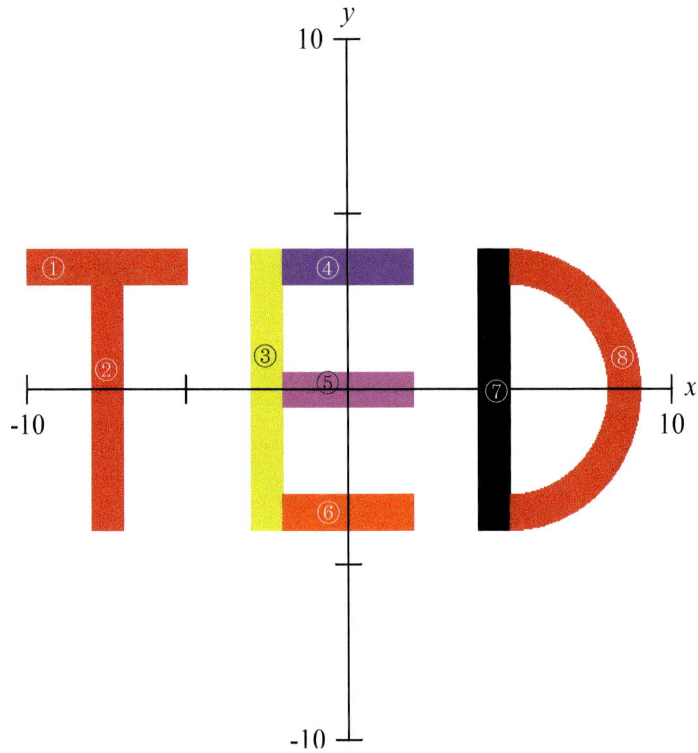

TIP

TED를 수식으로 입력할 때 주의해야 하는 부분은 'D'의 ⑧ 영역이다. ⑧ 부분에 해당하는 영역은 원의 방정식으로 나타내면 된다. ⑧의 부분에서 간격을 먼저 반지름의 길이를 이용하여 정한 뒤 다른 부분의 폭도 동일하게 하면 좋을 듯하다.

입력 수식들

T E D			
①	$\begin{cases} -10 < x < -5 \\ 3 < y < 4 \end{cases}$	⑤	$\begin{cases} -2 < x < 2 \\ -0.5 < y < 0.5 \end{cases}$
②	$\begin{cases} -8 < x < -7 \\ -4 < y < 3 \end{cases}$	⑥	$\begin{cases} -2 < x < 2 \\ -0.5 < y < 0.5 \end{cases}$
③	$\begin{cases} -3 < x < -2 \\ -4 < y < 4 \end{cases}$	⑦	$\begin{cases} 4 < x < 5 \\ -4 < y < 4 \end{cases}$
④	$\begin{cases} -2 < x < 2 \\ 3 < y < 4 \end{cases}$	⑧	$\begin{cases} (x-5)^2 + y^2 > 9 \\ (x-5)^2 + y^2 < 16 \\ x > 5 \end{cases}$

읽을거리

TED

기술(Technology), 엔터테인먼트(Entertainment), 디자인(Design)을 의미하는 TED는 미국의 비영리 재단에서 운영하는 강연회이다. '세상에 좋은 영향을 끼치는 생각을 널리 알린다(Ideas worth spreading)'라는 목표 아래, 초기에는 정기적으로 심리학, 철학, 기술, 오락, 디자인, 교육 등과 관련된 강연회가 열렸다. 하지만 최근에는 과학 분야뿐만 아니라 국제적인 이슈에 이르기까지 다양한 분야와 관련된 강연회도 열리고 있다. 강연 시간은 대체로 18분 이내에 이루어지고 있으며, 이 강연 하나하나를 'TED TALKS'라 한다.

TED는 미국뿐만 아니라 유럽, 아시아 등에서도 개최하고 있으며 TEDx란 형식으로 각 지역에서 약 20분 정도의 독자적인 강연회가 개최하기도 한다.

TED의 강연회에서 논의되는 주제는 태도와 삶, 그리고 궁극적으로는 세상을 바꾸는 힘을 가진 아이디어들이 선정된다.

초대되는 강연자는 각 분야의 저명인사나 괄목할만한 업적을 이룬 사람들이 대부분이다.

주요 강연자들

- 줄리언 어산지: 위키릭스 대표
- 블레어: 영국 전 총리
- 제임스 캐머런: 영화 감독(아바타, 타이타닉)
- 빌 클린턴: 미국 전 대통령
- 빌 게이츠: 마이크로소프트 이사회 의장
- 제인 구달: 동물학자
- 앨 고어: 미국 전 부통령(다큐영화 '불편한 진실' 제작)
- 스티븐 호킹: 물리학자. 케임브리지 대학교 교수
- 스티브 잡스: 애플 전 CEO
- 미셸 오바마: 미국 전 영부인
- J. K. 롤링: 소설가. 해리 포터 시리즈 저자
- 프란치스코: 교황.

https://namu.wiki/w/TED
https://ko.wikipedia.org/wiki/TED

(6) WiFi

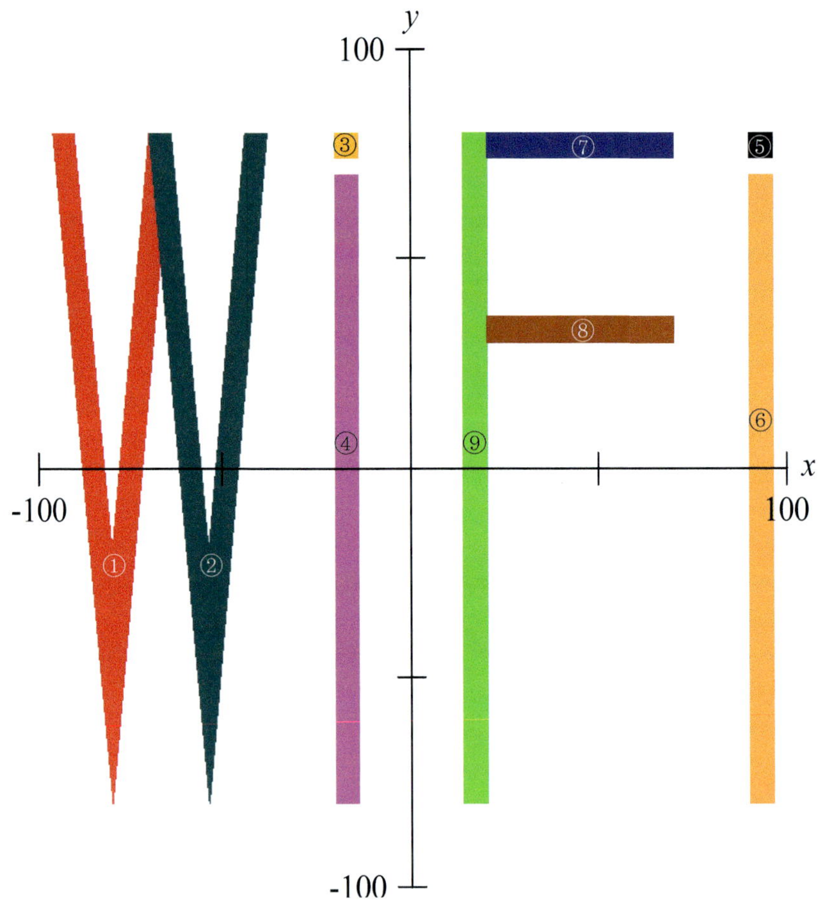

TIP

알파벳 'W'는 수식이 좀 복잡하므로 우선 두 번째, 세 번째 알파벳인 'i'와 'F'를 우선 수식으로 만드는 것이 좋다. 다음으로 'W'는 뒤의 두 알파벳과 간격이 동일하고 높이가 같도록 수식을 만들어야 한다. 아울러 'W'를 x축에 대칭이동 시키면 'M'과 유사하므로 도전 과제로 좋을 듯하다.

입력 수식들

W		i	
①	$\begin{cases} y < 10\,\lvert\,\lvert x\rvert - 80\rvert - 20 \\ y > 10\,\lvert\,\lvert x\rvert - 80\rvert - 80 \\ -100 < x < 0 \\ -80 < y < 80 \\ y < 10\,\lvert\,\lvert x\rvert - 54\rvert - 80 \end{cases}$	③	$\begin{cases} -20 < x < -14 \\ 74 < y < 80 \end{cases}$
②	$\begin{cases} y < 10\,\lvert\,\lvert x\rvert - 54\rvert - 20 \\ y > 10\,\lvert\,\lvert x\rvert - 54\rvert - 80 \\ -100 < x < 0 \\ -80 < y < 80 \end{cases}$	④	$\begin{cases} -20 < x < -14 \\ -80 < y < 70 \end{cases}$
F		**i**	
⑦	$\begin{cases} 20 < x < 70 \\ 74 < y < 80 \end{cases}$	⑤	$\begin{cases} 90 < x < 96 \\ 74 < y < 80 \end{cases}$
⑧	$\begin{cases} 20 < x < 70 \\ 30 < y < 36 \end{cases}$	⑥	$\begin{cases} 90 < x < 96 \\ -80 < y < 70 \end{cases}$
⑨	$\begin{cases} 14 < x < 20 \\ -80 < y < 80 \end{cases}$		

(참고) WiFi 로고

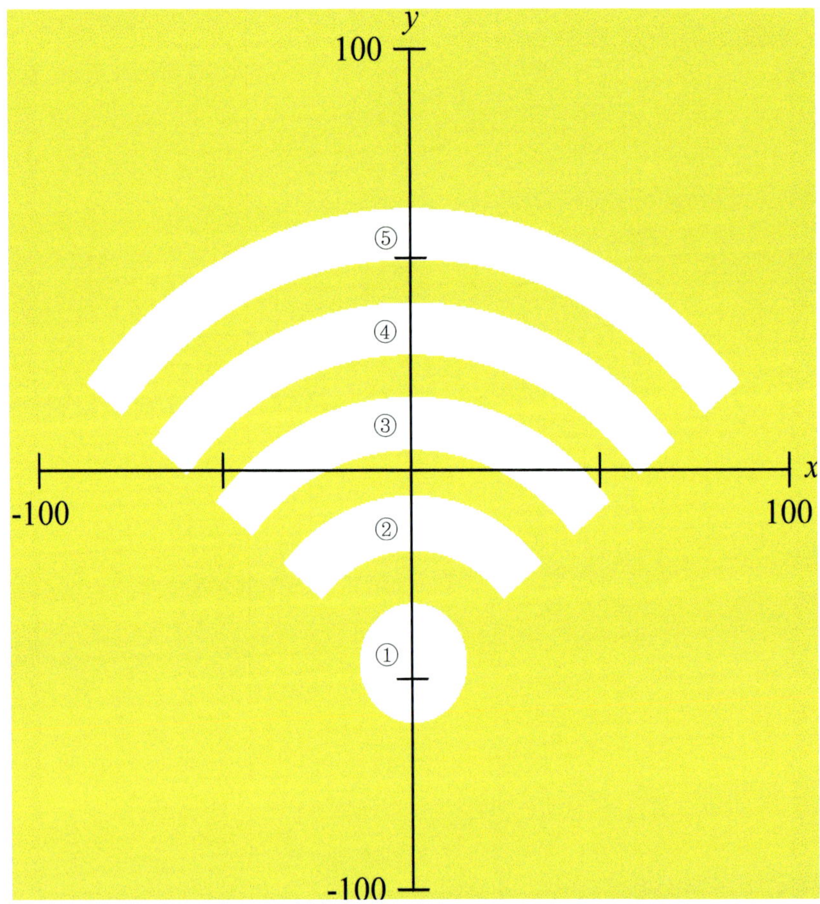

TIP

원의 영역부터 수식을 입력한 후 맨 아래쪽부터 차례대로 수식을 만들면 좋다. 또한 이 도형들의 간격도 통일시켜 주는 것이 좋다. 아울러 나타난 영역들이 두 직선이 수직인 경우부터 특수각인 경우까지 다양하게 만들어 볼 수도 있다.

입력 수식들

WiFi 로고	
①	$x^2+(y+46)^2<196$
②	$\begin{cases} y>\dfrac{\sqrt{6}}{3x}-50 \\ y>-\dfrac{\sqrt{6}}{3x}-50 \\ x^2+(y+50)^2>950 \\ x^2+(y+50)^2<1900 \end{cases}$
③	$\begin{cases} y>\dfrac{\sqrt{6}}{3x}-50 \\ y>-\dfrac{\sqrt{6}}{3x}-50 \\ x^2+(y+50)^2>3000 \\ x^2+(y+50)^2<4500 \end{cases}$
④	$\begin{cases} y>\dfrac{\sqrt{6}}{3x}-50 \\ y>-\dfrac{\sqrt{6}}{3x}-50 \\ x^2+(y+50)^2>6000 \\ x^2+(y+50)^2<8000 \end{cases}$
⑤	$\begin{cases} y>\dfrac{\sqrt{6}}{3x}-50 \\ y>-\dfrac{\sqrt{6}}{3x}-50 \\ x^2+(y+50)^2>10000 \\ x^2+(y+50)^2<12500 \end{cases}$

(7) MATH

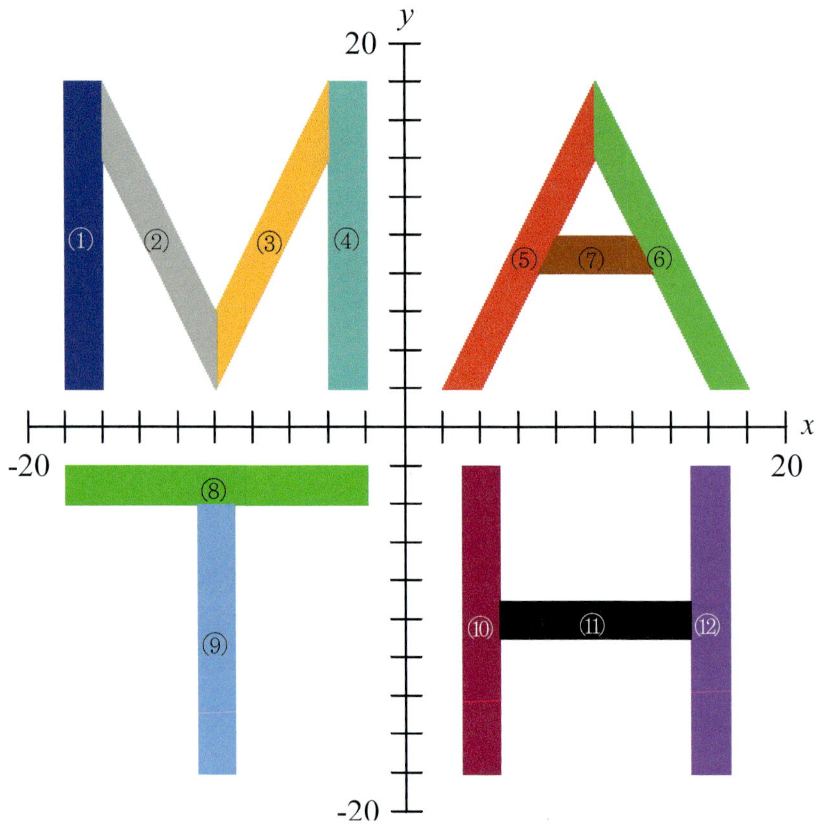

TIP

알파벳 'MATH'를 수식으로 입력하기 위해서는 각 사분면마다 한 개의 알파벳을 만들면 된다. 만들 때, 각 알파벳의 너비를 되도록 동일하게 해야 전체적으로 안정감 있어 보인다. 특히 ②식과 ③식, ⑤식과 ⑥식은 각각 서로 대칭된다는 것을 안다면 수식을 찾는 데 도움이 될 것이다.

입력 수식들

MATH			
①	$\begin{cases} -18 < x < -16 \\ \quad 2 < y < 18 \end{cases}$	⑦	$\begin{cases} 8 < y < 10 \\ 2x + y < 34 \\ 2x - y > 6 \end{cases}$
②	$\begin{cases} -4 < x < -2 \\ 2 < y < 18 \end{cases}$	⑧	$\begin{cases} -18 < x < -2 \\ \quad -4 < y < -2 \end{cases}$
③	$\begin{cases} -2x + y < 26 \\ -2x + y > 22 \\ 2 < y < 18 \\ -10 < x < -4 \end{cases}$	⑨	$\begin{cases} -11 < x < -9 \\ -18 < y < -4 \end{cases}$
④	$\begin{cases} 2x + y < -14 \\ 2x + y > -18 \\ 2 < y < 18 \\ -16 < x < -10 \end{cases}$	⑩	$\begin{cases} \quad 3 < x < 5 \\ -18 < y < -2 \end{cases}$
⑤	$\begin{cases} 2x - y > 2 \\ 2x - y < 6 \\ 2 < y < 18 \\ 2 < x < 10 \end{cases}$	⑪	$\begin{cases} \quad 15 < x < 17 \\ -18 < y < -2 \end{cases}$
⑥	$\begin{cases} 2x + y > 34 \\ 2x + y < 38 \\ 2 < y < 18 \\ 10 < x < 18 \end{cases}$	⑫	$\begin{cases} \quad 5 < x < 15 \\ -11 < y < -9 \end{cases}$

읽을거리

알파벳의 역사

한글과 달리 알파벳은 누가 언제 만들었는지 그 기원에 대해서는 정확히 알려져 있지 않다. 하지만 흔히 우리가 이야기 하는 알파벳 하면 영어 알파벳 26글자를 떠올리지만 이 알파벳에 대해 좀 더 정확하게 말하자면 라틴 알파벳이라고 할 수 있다. 사실 알파벳이라는 용어는 그리스 문자의 첫 두 글자 '알파(α)', '베타(β)'에서 비롯되었다(정화성, 2017, p.55). 이 알파벳은 영어에서만 사용되는 문자가 아니다. 글자 모양이나 발음이 조금씩 다르기는 하지만 에스파냐어, 프랑스어, 독일어 등에서도 사용되고 있고 가장 많은 지역에서 사용되는 문자이다(정화성, 2017, p.54).

알파벳의 유래에 대해 약간의 차이가 있지만 대체로 정화성(2017), 돈 로브(2008), 캐럴 도너휴(2015)들이 공통적으로 이야기 하고 있는 것을 정리하면 다음과 같다.

알파벳의 기원인 '페니키아 문자'는 이집트의 그림 문자, 크레타의 그림 문자 등의 영향을 받아 만들어졌다고 한다. 페니키아 문자는 22자의 자음으로 이루어졌고, 문자의 수가 적어 쉽게 배울 수 있다고 한다. 그리고 그리스인들은 활발한 해상 활동을 펼치고 있던 페니키아인들에 의해 기원전 9세기부터 페니키아 문자를 사용했지만 페니키아 문자를 그대로 사용한 것은 아니고 아랍어에서 모음을 빌려 사용하는 등 페니키아 문자를 변형하여 기원전 5세기의 자음 17개, 모음 7개의 그리스 문자가 완성되었다고 한다. 그리고 기원전 8세기경에 에트루리아인들은 그리스 문자를 바탕으로 에트루리아 문자를 만들어 사용하게 되었으며 이 문자가 로마자를 비롯하여 여러 언어에 영향을 준 것으로 보인다. 로마자는 에트루리아 문자에 바탕을 둔 문자로, 에트루리아 문자의 26글자 중 21글자를 따 왔고 그리스 정복 후에는 23글자가 되었으며 중세에는 3글자가 더 추가되어 현재의 알파벳이 되었다고 한다. 그래서 알파벳을 라틴 알파벳이라고 부르는 이유는 당시 로마 사람들이 사용하던 언어가 라틴어였기 때문이다.

참고문헌

정화성(2017). 둥글둥글 지구촌 문자이야기. 서울: 도서출판 풀빛.

Don Robb(2008). 재미있는 알파벳 이야기(임정희 역). 서울 : 중앙북스.

Carol Donoughue, 이길재(2015). 놀랍고 신비한 문자이야기(윤희순 역). 경기도 : 도서출판 박물관.

2 수학과 황금비

(1) 피보나치 곡선

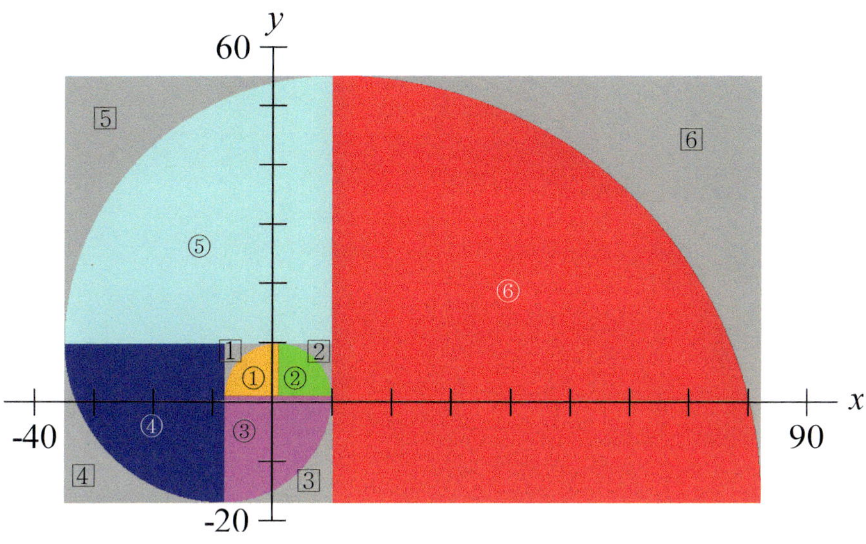

TIP

피보나치 곡선이 점점 크게 확장되는 것처럼 보이도록 하려면 정사각형에 내접하는 사분원을 만들면 된다. 그래서 안쪽에 있는 가장 작은 정사각형부터 차츰 변의 길이가 피보나치 수열을 이루도록 수식을 입력하면 된다. 또한 사분원을 만들 때 원의 중심 좌표를 정하는 것도 중요하다.

입력 수식들

피보나치 곡선	
①	$\begin{cases}(x-1)^2+(y-1)^2<81\\1<x<10\\1<y<10\end{cases}$
②	$\begin{cases}(x-1)^2+(y-1)^2<81\\-8<x<1\\1<y<10\end{cases}$
③	$\begin{cases}(x+8)^2+(y-1)^2<324\\-8<x<10\\-17<y<1\end{cases}$
④	$\begin{cases}(x+8)^2+(y-10)^2<729\\-35<x<-8\\-17<y<10\end{cases}$
⑤	$\begin{cases}(x-10)^2+(y-10)^2<2025\\-35<x<10\\10<y<55\end{cases}$
⑥	$\begin{cases}(x-10)^2+(y+17)^2<5184\\10<x<82\\-17<y<55\end{cases}$
[1]	$\begin{cases}(x-1)^2+(y-1)^2>81\\1<x<10\\1<y<10\end{cases}$
[2]	$\begin{cases}(x-1)^2+(y-1)^2>81\\-8<x<1\\1<y<10\end{cases}$
[3]	$\begin{cases}(x+8)^2+(y-1)^2>324\\-8<x<10\\-17<y<1\end{cases}$
[4]	$\begin{cases}(x+8)^2+(y-10)^2>729\\-35<x<-8\\-17<y<10\end{cases}$
[5]	$\begin{cases}(x-10)^2+(y-10)^2<2025\\-35<x<10\\10<y<55\end{cases}$
[6]	$\begin{cases}(x-10)^2+(y+17)^2>5184\\10<x<82\\-17<y<55\end{cases}$

읽을거리

피보나치 수열과 피보나치 곡선

소설 '다빈치 코드'에서 자크 소니에르는 마지막에 남긴 메시지 중 다음과 같이 여러 개의 숫자

$$13,\ 3,\ 2,\ 21,\ 1,\ 1,\ 8,\ 5$$

를 마룻바닥에 암호처럼 남겼다.

사실 이것을 다시 정리하여 배열하면

$$1,\ 1,\ 2,\ 3,\ 5,\ 8,\ 13,\ 21$$

와 같이 앞 두 항의 합이 다음 항이 되는 수의 배열을 피보나치 수열이라 한다. 이처럼 피보나치 수열은 위대한 정리 중의 하나인 피타고라스 정리와 마찬가지로 소설, 영화, 자연, 과학 등 다양한 분야에서 발견되기도 하고 활용되기도 한다. 그래서 여기서는 피보나치 수열과 황금비의 관계, 성질들에 대해 세 가지 정도 알아보자.

1) 피보나치 수열의 여러 성질

F_1	F_2	F_3	F_4	F_5	F_6	F_7	F_8	$\cdots$
1	1	2	3	5	8	13	21	$\cdots$
	F_3	F_4	F_5	F_6	F_7	F_8	F_9	$\cdots$

$$F_3 = F_1 + F_2$$
$$F_4 = F_2 + F_3$$
$$F_5 = F_3 + F_4$$
$$\vdots$$

따라서, 피보나치 수열의 기본적인 관계식을 다음과 같이 나타낼 수 있다.

$$F_{n+2} = F_{n+1} + F_n (\text{단, } n \geq 1)$$

이를 바탕으로 다음과 같은 성질들이 있는데 증명은 생략한다.

① $\sum_{k=1}^{n} F_k = F_{n+2} - 1$

② $\sum_{k=1}^{n} F_{2k} = F_{2n+1} - 1$

③ $\sum_{k=1}^{n} F_{2k-1} = F_{2n}$

④ $\sum_{k=1}^{n} F_k^2 = F_n \cdot F_{n+1}$

⑤ $F_n^2 - F_{n+2}^2 = F_{2n+2}$

⑥ $F_n^2 + F_{n+1}^2 = F_{2n+1}$

2) 피보나치 수열과 황금비의 관계

피보나치 수열에서 연속된 두 수의 비율은 다음과 같이 나타난다.

- $\frac{F_{n+1}}{F_n} \approx 1.6180327 \cdots$ ①
- $\frac{F_n}{F_{n+1}} \approx 0.6180327 \cdots$ ②

따라서 위의 사실로부터

$$\frac{F_{n+1}}{F_n} = \frac{F_n}{F_{n+1}} + 1$$

의 관계식이 성립한다는 것을 알 수 있고, 일반적으로

$$\frac{F_{n+1}}{F_n} \approx \frac{F_n}{F_{n+1}} + 1$$

이 성립한다고 추측할 수 있다. 특히 ①식에 보았듯이

$$\frac{F_{n+1}}{F_n} \approx 1.6180327$$

는 황금비와 가깝다. 황금비를 φ라고 하고 앞의 관계식으로부터 $\varphi(>0)$의 특징은 $\varphi = \frac{1}{\varphi} + 1$ 혹은 $\frac{1}{\varphi} = \varphi - 1$와 같은 관계식으로 나타낼 수 있다. 양변에 φ를 곱하면

$$\varphi^2 - \varphi - 1 = 0$$

을 얻을 수 있고 근의 공식에 의해 $\varphi = \frac{1+\sqrt{5}}{2} \approx 1.6180339$이 되고

$$\frac{1}{\varphi} = \varphi - 1 = \frac{\sqrt{5}-1}{2} \approx 0.6180339$$

이 된다.

3) 피보나치 나선

다음 그림과 같이 황금 직사각형 ABCD가 있다고 하자. 이 직사각형을 황금 분할하면 다시 황금 직사각형 EBCF를 만들 수 있고 이 직사각형 EBCF을 다시 황금 분할하면 또 다른 황금 직사각형 GHCF를 만들 수 있다. 황금 직사각형들은 모두 닮은 도형들이다. 이러한 사실로부터 직사각형 ABCD의 대각선 $\overline{AC}$와 직사각형 EBCF의 대각선 $\overline{DF}$는 수직이 됨을 알 수 있다. 그리고 다른 황금 직사각형들의 대각선도 서로 수직을 이루며 대각선들의 교점은 일치한다. 그림에서 볼 수 있듯이 피보나치 나선의 극한점은 P가 된다고 알려져 있다.

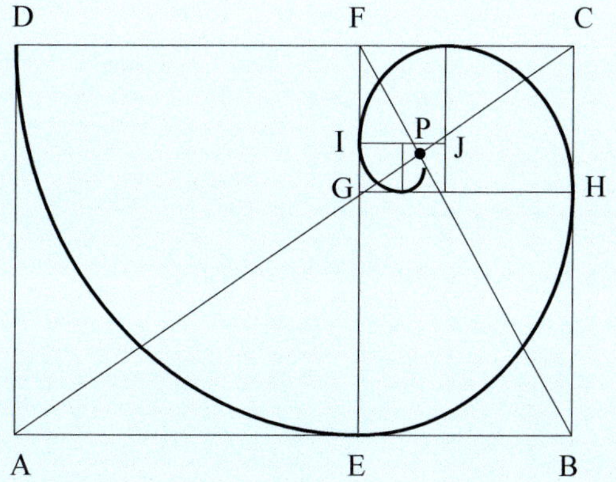

(2) 파르테논 신전

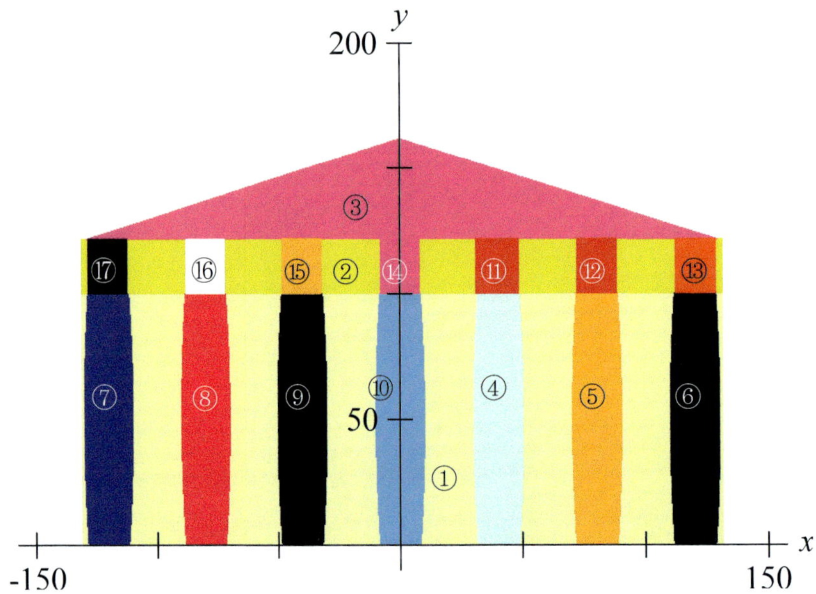

TIP

위의 파르테논 신전을 수식으로 만들려면 가장 먼저 고려해야 하는 것이 기둥의 개수이며 대략 7~8개 정도가 가장 적당할 것 같다. 그리고 기둥의 모양은 배흘림기둥의 모양이 보이도록 하는 것이 중요하기 때문에 포물선의 방정식 $y^2 = 4px$를 이용하면 된다. 또한 기둥들 사이의 간격도 동일하는 것이 좋다.

입력 수식들

파르테논 신전			
①	$\begin{cases} -130.9 < x < 130.9 \\ 0 < y < 100 \end{cases}$	⑩	$\begin{cases} (y-50)^2 < -1500(x-10) \\ (y-50)^2 < 1500(x+10) \\ 0 < y < 100 \end{cases}$
②	$\begin{cases} -130.9 < x < 130.9 \\ 100 < y < 121.8 \end{cases}$	⑪	$\begin{cases} 31 < x < 48 \\ 100 < y < 121.8 \end{cases}$
③	$\begin{cases} y < 0.31x + 161.8 \\ y < -0.31x + 161.8 \\ 121.8 < y < 161.8 \end{cases}$	⑫	$\begin{cases} 72 < x < 88 \\ 100 < y < 121.8 \end{cases}$
④	$\begin{cases} (y-50)^2 < -1500(x-50) \\ 0 < y < 100 \\ (y-50)^2 < 1500(x-30) \end{cases}$	⑬	$\begin{cases} 112 < x < 128 \\ 100 < y < 121.8 \end{cases}$
⑤	$\begin{cases} (y-50)^2 < -1500(x-90) \\ (y-50)^2 < 1500(x-70) \\ 0 < y < 100 \end{cases}$	⑭	$\begin{cases} -8 < x < 8 \\ 100 < y < 121.8 \end{cases}$
⑥	$\begin{cases} (y-50)^2 < -1500(x-130) \\ (y-50)^2 < 1500(x-110) \\ 0 < y < 100 \end{cases}$	⑮	$\begin{cases} -48 < x < -32 \\ 100 < y < 121.8 \end{cases}$
⑦	$\begin{cases} (y-50)^2 < -1500(x+110) \\ (y-50)^2 < 1500(x+130) \\ 0 < y < 100 \end{cases}$	⑯	$\begin{cases} -88 < x < -72 \\ 100 < y < 121.8 \end{cases}$
⑧	$\begin{cases} (y-50)^2 < -1500(x+70) \\ (y-50)^2 < 1500(x+90) \\ 0 < y < 100 \end{cases}$	⑰	$\begin{cases} -128 < x < -112 \\ 100 < y < 121.8 \end{cases}$
⑨	$\begin{cases} (y-50)^2 < -1500(x+30) \\ (y-50)^2 < 1500(x+50) \\ 0 < y < 100 \end{cases}$		

파르테논 신전과 황금비

고대 그리스에 만들어진 건축물 중에서 최고의 건축물은 파르테논 신전이다. 이 신전이 가장 아름답게 보이고 구조적으로 안정감을 느끼게 하는 이유는 기둥 지름과 길이의 비율, 기둥 높이와 지붕의 비율이 역시 황금비를 이루면서 조화를 이루고 있다는 것이다. 아래 그림처럼 신전을 정면에서 보았을 때 전체적인 외부 윤곽은 완벽한 황금 직사각형을 이루고 있다. 또 신전 기둥의 윗부분은 전체 높이를 황금분할하고, 왼쪽에서 넷째 기둥과 다섯째 기둥은 각각 전체 가로의 길이를 1 : 1.618로 황금분할 된다. 이처럼 Posamentier와 Lehmann(2007, pp.254-255)은 파르테논의 신전에서 찾을 수 있는 황금비가 다섯 군데가 있다고 자세하게 설명하고 있지만 여기서는 시각적으로 확연하게 드러나는 세 군데만 황금 직사각형으로 나타내어 보았다.

파르테논 신전의 기둥들은 일직선으로 똑바로 서 있지 않고 부석사에 있는 무량수전의 배흘림기둥 모양으로 기둥 아래에서 위쪽으로 갈수록 점차 가늘어진다. 무량수전은 나무로 기둥을 만들었지만 이 신전은 모두 대리석으로 만들어졌다. 배흘림 기법으로 지어진 최초의 건축물답게 기둥은 밑동에서 $\frac{1}{3}$쯤 올라간 부분이 제일 굵다. 이처럼 배흘림 기법으로 기둥을 만든 건축물이 사람이 보기에 구조적으로 안정감 있어 보이며 아름답게 보인다고 한다. 놀라운 것은 모든 기둥의 기울기를 그대로 이어가면 1,760m 높이에서 한 점에 모인다고 한다.

사실 이 황금비에 대한 역사는 파르테논 신전이 건설된 그리스 시대보다도 훨씬 앞선 이집트 시대의 피라미드에서도 찾을 수 있다. 현대의 기술로 측정해 보니 밑면의 한 변의 길이의 절반($\overline{OB}$)과 경사면의 길이($\overline{AB}$)의 비가 거의 정확하게 황금비인 $1:1.1618$이 나온다고 한다.

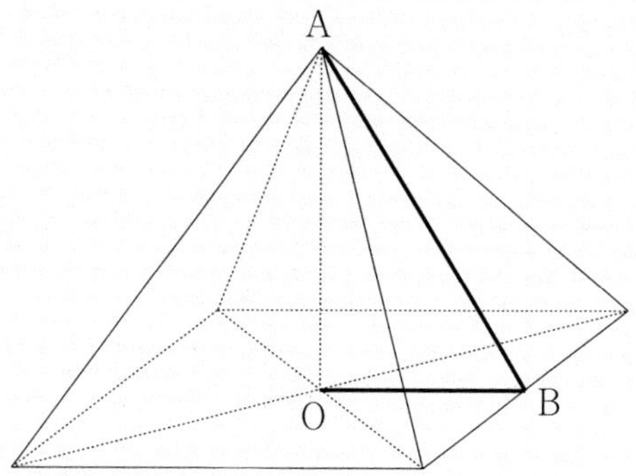

3 수학과 미술

(1) 상승

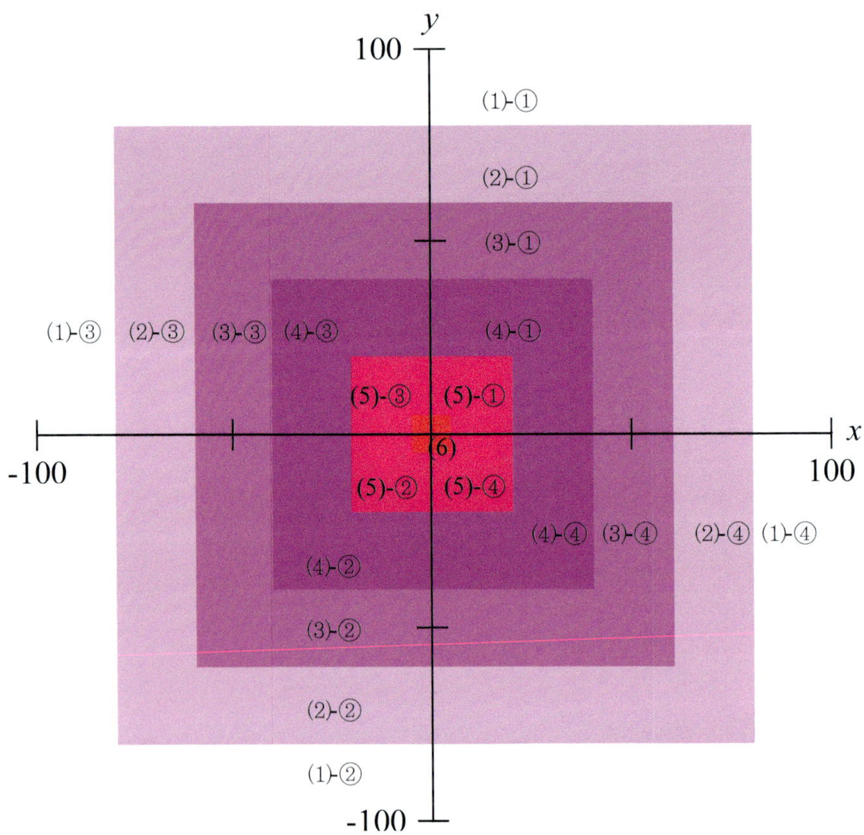

TIP

동일한 도형을 만들면서 점점 상승하는 느낌이 들게 하려면, 중심부분의 색깔이 원색에 가까울수록 상승하는 느낌이 들게 된다. 이 경우 색상의 선택도 중요하다. 그래서 (1)의 영역은 흰색으로 꾸며보았다. 그리고 위의 그림은 중심의 좌표가 $(0,\ 0)$인데 중심의 좌표가 원점 이외의 점, 예를 들어 $(-1,\ 1)$나 $(1,\ -2)$이 되도록 변화를 주면 다른 변화를 느낄 수 있을 것이다.

입력 수식들

상 승					
(1) 구역	①	$\begin{cases} -100<x<100 \\ 80<y<100 \end{cases}$	(2) 구역	①	$\begin{cases} -80<x<80 \\ 60<y<80 \end{cases}$
	②	$\begin{cases} -100<x<100 \\ -100<y<-80 \end{cases}$		②	$\begin{cases} -80<x<80 \\ -80<y<-60 \end{cases}$
	③	$\begin{cases} -100<x<-80 \\ -80<y<80 \end{cases}$		③	$\begin{cases} -80<x<80 \\ -80<y<-60 \end{cases}$
	④	$\begin{cases} -100<x<-80 \\ -80<y<80 \end{cases}$		④	$\begin{cases} -80<x<80 \\ -80<y<-60 \end{cases}$
(3) 구역	①	$\begin{cases} -60<x<60 \\ 40<y<60 \end{cases}$	(4) 구역	①	$\begin{cases} -40<x<40 \\ 20<y<40 \end{cases}$
	②	$\begin{cases} -60<x<60 \\ -60<y<-40 \end{cases}$		②	$\begin{cases} -40<x<40 \\ -40<y<-20 \end{cases}$
	③	$\begin{cases} -60<x<-40 \\ -40<y<40 \end{cases}$		③	$\begin{cases} -40<x<-20 \\ -20<y<20 \end{cases}$
	④	$\begin{cases} 40<x<60 \\ -40<y<40 \end{cases}$		④	$\begin{cases} 20<x<40 \\ -20<y<20 \end{cases}$
(5) 구역	①	$\begin{cases} -20<x<20 \\ 5<y<20 \end{cases}$	(6) 구역	$\begin{cases} -5<x<5 \\ -5<y<5 \end{cases}$	
	②	$\begin{cases} -20<x<20 \\ -20<y<-5 \end{cases}$			
	③	$\begin{cases} -20<x<-5 \\ -5<y<5 \end{cases}$			
	④	$\begin{cases} 5<x<20 \\ -5<y<5 \end{cases}$			

(2) 하강

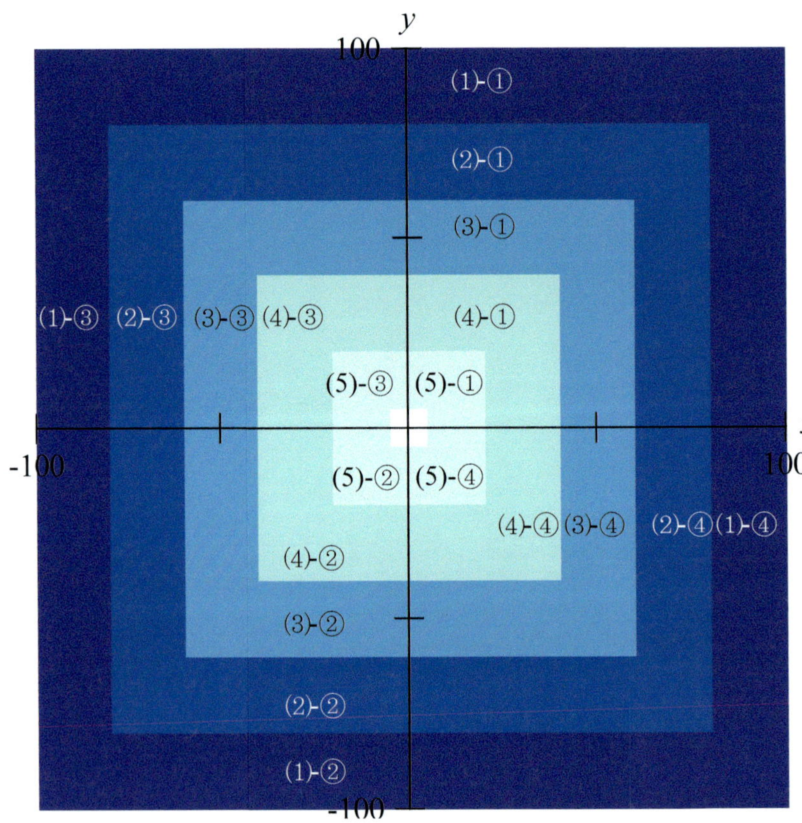

TIP

하강하는 부분은 앞의 상승과 유사하다. 동일한 도형을 만들면 만들수록 점점 하강하는 느낌이 들도록 하려면 색상의 선택이 중요한 부분이다. 그리고 위의 그림은 중심의 좌표가 $(0, 0)$인데 중심의 좌표가 원점 이외의 점이 되도록 변화를 주면 다른 변화를 느낄 수 있을 것이다.

입력 수식들

하 강					
(1) 구역	①	$\begin{cases}-100<x<100\\ 80<y<100\end{cases}$	(2) 구역	①	$\begin{cases}-80<x<80\\ 60<y<80\end{cases}$
	②	$\begin{cases}-100<x<100\\ -100<y<-80\end{cases}$		②	$\begin{cases}-80<x<80\\ -80<y<-60\end{cases}$
	③	$\begin{cases}-100<x<-80\\ -80<y<80\end{cases}$		③	$\begin{cases}-80<x<80\\ -80<y<-60\end{cases}$
	④	$\begin{cases}-100<x<-80\\ -80<y<80\end{cases}$		④	$\begin{cases}-80<x<80\\ -80<y<-60\end{cases}$
(3) 구역	①	$\begin{cases}-60<x<60\\ 40<y<60\end{cases}$	(4) 구역	①	$\begin{cases}-40<x<40\\ 20<y<40\end{cases}$
	②	$\begin{cases}-60<x<60\\ -60<y<-40\end{cases}$		②	$\begin{cases}-40<x<40\\ -40<y<-20\end{cases}$
	③	$\begin{cases}-60<x<-40\\ -40<y<40\end{cases}$		③	$\begin{cases}-40<x<-20\\ -20<y<20\end{cases}$
	④	$\begin{cases}40<x<60\\ -40<y<40\end{cases}$		④	$\begin{cases}20<x<40\\ -20<y<20\end{cases}$
(5) 구역	①	$\begin{cases}-20<x<20\\ 5<y<20\end{cases}$			
	②	$\begin{cases}-20<x<20\\ -20<y<-5\end{cases}$			
	③	$\begin{cases}-20<x<-5\\ -5<y<5\end{cases}$			
	④	$\begin{cases}5<x<20\\ -5<y<5\end{cases}$			

빛과 색

1. 색의 기본

색은 크게 무채색과 유채색으로 구분된다. 무채색은 하양, 회색, 검정과 같이 색상과 채도가 없고 명도만으로 구분되는 색을 말하고, 그 밖의 모든 색을 유채색이라고 한다. 그리고 색에는 색상, 명도, 채도의 세 가지 성질이 있는데 이를 색의 3속성이라고 한다. 빨강, 노랑, 파랑 등 다른 색과 구별되는 색의 성질을 색상, 색의 밝고 어두운 정도를 명도, 색의 맑고 탁한 정도를 채도라고 한다. 유채색은 색상, 명도, 채도의 3속성을 모두 지니고 있고, 무채색은 명도만 있다(장선화, 김향남, 고주연, 2017, p.42).

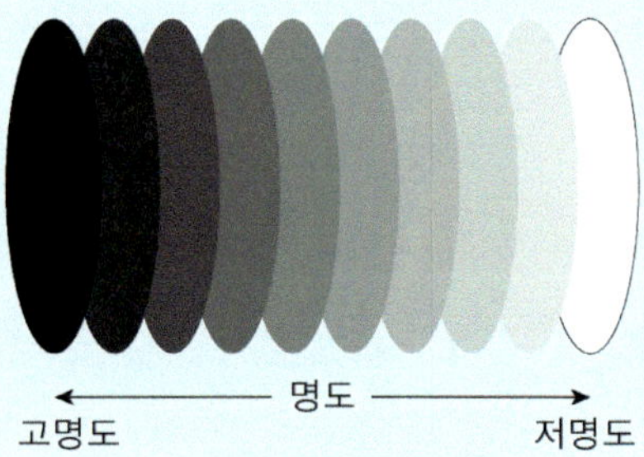

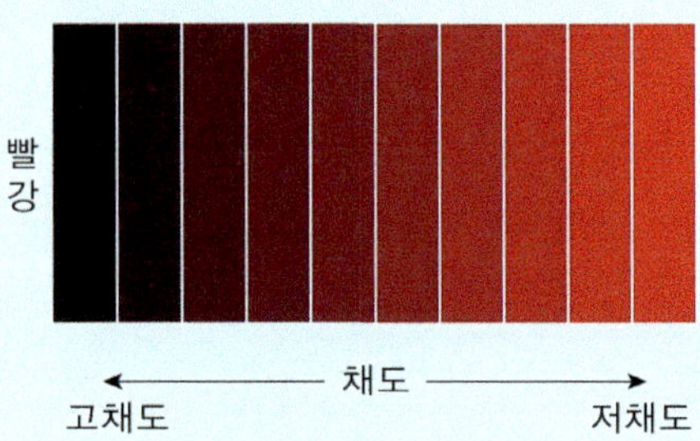

2. 색의 연상

색의 연상이란 우리가 어떤 색을 보았을 때 색과 관련된 사물, 분위기, 이미지 등을 생각나게 되는 것으로 개인의 경험, 지식, 성격, 직업, 지역, 시대, 국가 등과 관련이 있다. 색의 상징은 오랜 기간을 거쳐 사회적으로 고정된 것을 말한다(장선화, 김향남, 고주연, 2017, p.42).

1) 빨강: 가깝고 따뜻하며 감각적인 이미지를 나타낸다. 피와 불을 상징하므로 열정, 생명력, 힘이 느껴지며 위험과 경고를 연상하게 한다.
2) 노랑: 햇살을 상징하며 생동감 있고 활동적인 이미지를 나타낸다.
3) 파랑: 하늘과 바다를 상징하며 서늘하고, 조용하며 엄숙하고 믿음직한 이미지이며 지적인 활동을 하는 장소에 적합하며 때에 따라 권위적인 이미지를 나타낸다.

3. 조명에 따라 변하는 그림 만들기

1) 빛의 삼원색

빛의 삼원색은 빨강(Red), 초록(Green), 파랑(Blue)으로 구분하며 각각 앞 글자를 따서 흔히 RGB라고 한다. RGB는 흔히 스마트 폰이나 텔레비전 등 액정 화면이 있는 곳에 많이 사용된다. 빨강색과 초록색이 겹쳐지면 노란색이 되는데 이 색이 파랑색과 만나면 흰색이 된다. 이러한 관계를 보색 관계라고 한다. 즉, 두 가지 색이 겹쳐진 색에서 흰색을 만들기 위해 필요한 색이 보색이다. 아래 표에는 빛의 삼원색과 색의 삼원색의 합성을 구분해 보았다.

빛의 삼원색으로 합성		색의 삼원색으로 합성	
초록+파랑=청록(Cyan) 빨강+초록=노랑(Yellow) 빨강+파랑=자홍(Magenta)	 빛의 삼원색	청록+노랑=초록 자홍+청록=파랑 자홍+노랑=빨강	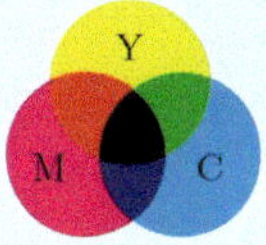 색의 삼원색

2) RGB 조명을 이용하여 변하는 그림 만들기

① 연필로 자신이 그리고 싶은 그림을 스케치한다.

② 겹쳐지지 않는 부분만 색의 삼원색으로 먼저 그림을 그린다.

③ 두 가지 색이 겹쳐지는 부분은 위의 내용(색의 삼원색으로 합성)을 참고하여 그리고 세 가지 색이 겹쳐지는 부분은 모두 검정색으로 그린다.

④ 완성된 그림에 RGB 조명을 비추어 관찰한다.

원본 그림 빨간색 조명 초록색 조명 파랑색 조명

왜 이렇게 보일까? 위 그림처럼 빨간색 조명을 비추면 흰색 바탕, 자홍색으로 그린 하트 그림, 노란색으로 그린 번개 그림은 빨간색 빛을 반사하므로 빨간색으로 보이기 때문에 모양이 나타나지 않는다. 다만 청록색으로 그린 별 모양 그림은 빨간색 빛을 흡수하므로 청록색으로 그린 별모양의 그림만 검게 보인다. 나머지도 같은 원리에 의해 파란색 조명에서는 노란색으로 그린 번개 그림만, 초록색 조명에서는 자홍색으로 그린 하트 그림만 검은색으로 보인다.

(3) 몬드리안 작품

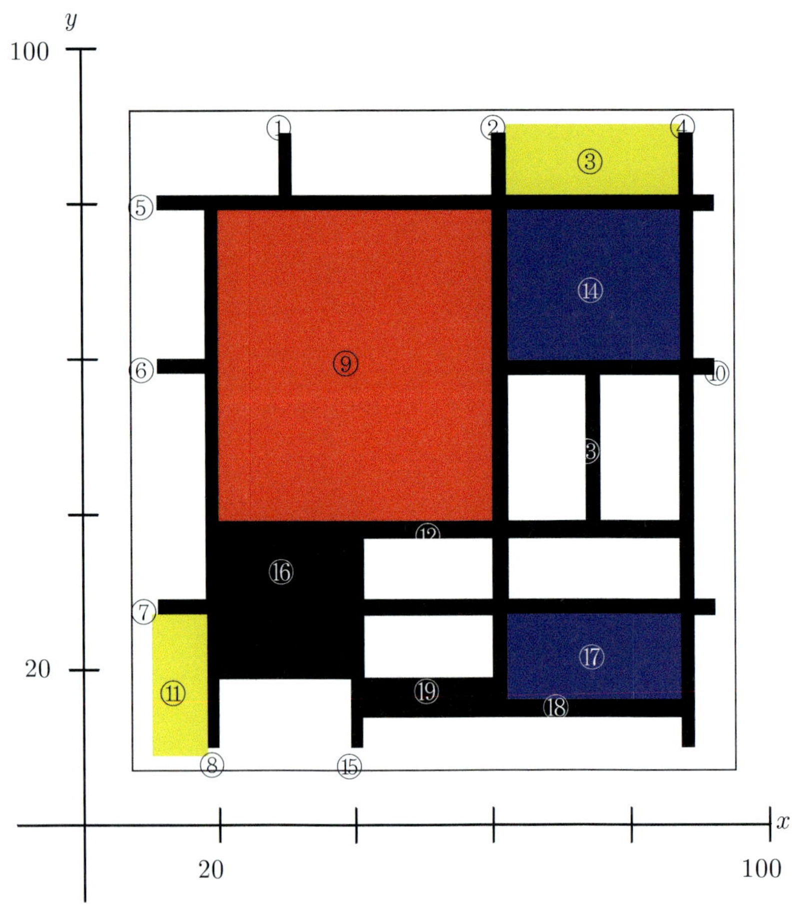

TIP

위의 그림은 실제 몬드리안의 작품을 축소한 느낌이 들 정도로 크기를 줄여서 만들었다. 그러므로 무엇보다 각 영역 ⑨, ⑭, ⑯, ⑰의 크기를 우선적으로 고려하여 수식을 입력하고 영역들 사이의 간격을 동일하게 되도록 수식을 입력하면 좋을 듯하다.

입력 수식들

몬드리안 그림			
①	$\begin{cases} 29 < x < 31 \\ 81 < y < 89 \end{cases}$	⑪	$\begin{cases} 10 < x < 18 \\ 9 < y < 27 \end{cases}$
②	$\begin{cases} 60 < x < 62 \\ 14 < y < 89 \end{cases}$	⑫	$\begin{cases} 20 < x < 88 \\ 37 < y < 39 \end{cases}$
③	$\begin{cases} 62 < x < 87 \\ 81 < y < 90 \end{cases}$	⑬	$\begin{cases} 73.5 < x < 75.5 \\ 39 < y < 58 \end{cases}$
④	$\begin{cases} 87 < x < 89 \\ 10 < y < 89 \end{cases}$	⑭	$\begin{cases} 62 < x < 87 \\ 60 < y < 79 \end{cases}$
⑤	$\begin{cases} 11 < x < 92 \\ 79 < y < 81 \end{cases}$	⑮	$\begin{cases} 39 < x < 41 \\ 10 < y < 37 \end{cases}$
⑥	$\begin{cases} 11 < x < 18 \\ 58 < y < 60 \end{cases}$	⑯	$\begin{cases} 20 < x < 39 \\ 19 < y < 37 \end{cases}$
⑦	$\begin{cases} 11 < x < 92 \\ 27 < y < 29 \end{cases}$	⑰	$\begin{cases} 62 < x < 87 \\ 16 < y < 27 \end{cases}$
⑧	$\begin{cases} 18 < x < 20 \\ 10 < y < 79 \end{cases}$	⑱	$\begin{cases} 41 < x < 87 \\ 14 < y < 16 \end{cases}$
⑨	$\begin{cases} 18 < x < 20 \\ 10 < y < 79 \end{cases}$	⑲	$\begin{cases} 41 < x < 60 \\ 16 < y < 19 \end{cases}$
⑩	$\begin{cases} 62 < x < 92 \\ 58 < y < 60 \end{cases}$		

몬드리안의 추상화

우리의 세계가 모두 질서와 규칙이 있다고 생각한 몬드리안은 세상 모든 것을 수평선과 수직선으로 추상화해서 나타내려고 하였다. 〈브로드웨이 부기우기〉라는 작품에서 노란색 띠는 도로를, 커다란 사각형은 높은 빌딩을, 노란색 띠 안의 작은 사각형은 자동차를 상징한다고 사람들은 생각하기도 하였다. 특히 앞에서 GrafEq로 만든 몬드리안 작품 〈빨강, 노랑, 파랑, 검정의 구성〉은 빨간색, 노란색, 파란색의 3원색과 검은색과 흰색을 볼 수 있는데 이 작품은 선과 색, 면만으로 질서와 조화의 아름다움을 보여주고 있다. 특히 점, 선, 면, 색을 효과적으로 나타낸 이 그림은 어떤 사물을 눈에 보이는 그대로 표현하는 것이 아니라, 자신의 감정을 선과 색 등으로 표현한 추상화인데 '차가운 추상' 혹은 '기하학적 추상'이라고 한다. 자신만의 눈에 보이는 세계를 기본적인 형태와 색채만을 사용하여 표현하였기 때문에 매우 차가운 느낌이 드는 그림이라고 할 수 있다.

그는 자신의 작품을 구성하는 창작의 기본 원리를 다음과 같이 정했다(이광연, 2018).

1. 빨강, 파랑, 노랑 3원색 혹은 검은색, 회색, 흰색의 무채색만을 사용한다.
2. 평면과 입체 형상에는 사각형의 판과 기둥만을 사용한다.
3. 직선과 사각형만으로 구성한다.
4. 대칭은 피한다.
5. 미적 균형을 이루기 위해 대비를 쓴다.
6. 균형과 리듬감을 부여할 수 있도록 비율과 위치에 각별히 신경 쓴다.

몬드리안이 자신의 창작 기본 원리에서 밝혔듯이, 그의 그림을 살펴보면 검정 수직선과 수평선은 서로 교차하여 정사각형 혹은 직사각형의 격자 구조를 이루고 있는데 이 격자 구조에서 사용된 직사각형들 중 가로와 세로의 길이의 비가 황금비(Golden ratio)즉 $1:\frac{1+\sqrt{5}}{2}$ 혹은 1:1.618(근삿값)을 이루는 경우가 있다. 다음 그림은 〈빨강, 검정, 파랑, 노랑, 회색의 구성〉이라는 작품의 일부분이다. 여기서 직사각형 ACDF에서 세로의 길이 $\overline{AC}$와 가로의 길이 $\overline{AF}$의 비 즉 $\overline{AC}:\overline{AF}=1:1.618$와 같이 놀랍게도 황금비를 이루고 있다. 또한 직사각형 BCDF의 두 변 BE와 BC의 길이의 비 즉 $\overline{BE}:\overline{BC}=1:1.618$와 같다. 그리고 황금비를 이루는 직사각형을 황금 직사각형이라고 한다.

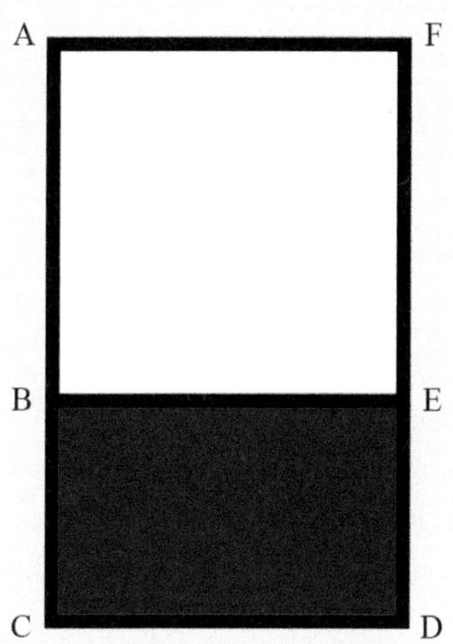

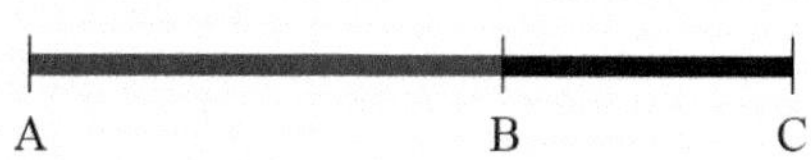

이와 같이, 몬드리안의 작품들에는 황금비를 이루는 직사각형들이 그림의 구성과 질서, 균형을 이루기 위해 자주 등장한다. 이 황금비에 대해 좀 더 알아보자. 주어진 AC에서 □ABEF와 □ACDF의 넓이가 같게 되도록 선분 AC를 분할하는 것, 다시 말하자면 위의 오른쪽 그림에서 보듯이 주어진 선분 AC를 점 B에서 선분 AB와 선분 BC의 비와 전체 선분 AC에 대한 선분 AB의 비가 같게 되도록 분할하는 것을 황금분할(Golden Section)이라 하고, 이때 선분 AB와 선분 BC의 비를 황금비라고 한다. 이를 다음과 같은 식으로 나타낼 수 있다.

$$\overline{AB}:\overline{AC}=\overline{BC}:\overline{AB},\ \text{즉}\ \frac{\overline{AB}}{\overline{AC}}=\frac{\overline{BC}}{\overline{AB}}$$

특히, 이 황금분할을 기하학적 명제로 제시한 사람은 바로 유클리드(Euclid)이다. 그의 저서 《원론》 제2권의 '명제 11'에서 '하나의 직선을 크고 작은 두 개로 나누고, 작은 쪽의 선분과 전체 선분으로 된 직사각형의 넓이와 큰 선분으로 된 정사각형의 넓이가 같게 하는 것'이라고 나타내고 있다. 이를 바탕으로 다음 그림과 같이 황금비를 이루는 직사각형을 직접 작도해 보자.

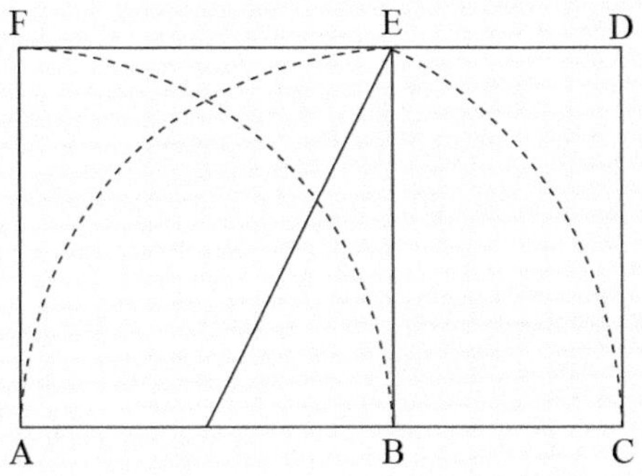

① $\overline{AB}=a$인 선분을 그린다.

② 점 A에서 $\overline{AB}$에 수직이 되도록 수선을 그린다.

③ 점 A를 중심으로 원을 작도하여 수선과 만나는 점을 F라고 하자.

④ ②와 ③에서 했던 것도 동일하게 하여 점 B에서 반지름의 길이가 a인 원과 수선이 만나는 점을 E라고 하자.

⑤ 두 점 E, F를 선분 AB에 평행하도록 연결하면 정사각형 ABEF를 작도할 수 있다.

⑥ 점 E에서 선분 AB의 중점 P를 연결하자.

⑦ 점 P를 중심으로 반지름의 길이가 $\overline{EP}$인 원을 작도하고 선분 AB의 연장선과 만나는 점을 C라고 하자.

⑧ 점 C에서 $\overline{AC}$에 수직이 되도록 수선을 그리고 선분 FE의 연장선과 만나는 점을 D라고 하자.

⑨ 직사각형 ACDF는 가로와 세로의 길이의 비가 황금비를 이룬다.

왜냐하면, 점 P는 선분 AB의 중점이므로 $\overline{PB}=\frac{a}{2}$이다. 그리고 $\overline{BE}=a$이므로 피타고라스 정리에 의해 $\overline{EP}=\frac{\sqrt{5}a}{2}$이다. 또한, 두 선분 PE, PC은 반지름의 길이로 같으므로 즉 $\overline{PE}=\overline{PC}$이므로 $\overline{PC}=\frac{\sqrt{5}a}{2}$이다. 따라서 가로의 길이

$$\overline{\mathrm{AC}}=\overline{\mathrm{AP}}+\overline{\mathrm{PC}}=\frac{a}{2}+\frac{\sqrt{5}\,a}{2}=\frac{(1+\sqrt{5})a}{2}$$

이고 세로의 길이는 a이므로

$$\overline{\mathrm{AC}}:\overline{\mathrm{AF}}=\frac{1+\sqrt{5}}{2}:1$$이 된다.

임의의 선분으로 정사각형을 작도에 관해서 《원론》 제1권 '명제 46'에 제시되어 있다. 이를 바탕으로 '명제 47' 즉 유명한 피타고라스 정리를 유도할 수 있다.

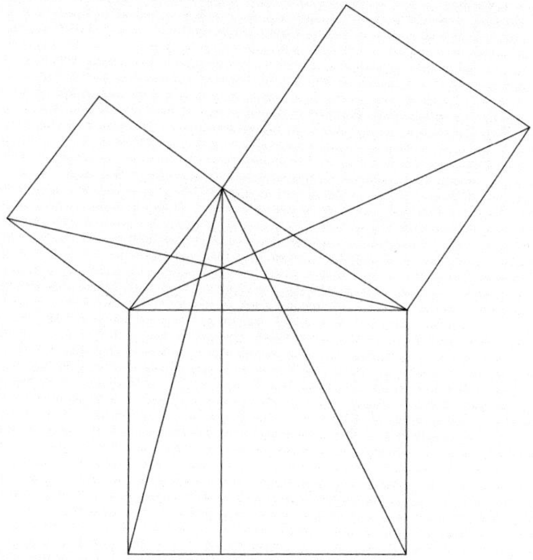

4 수학과 퍼즐

(1) 하트 퍼즐

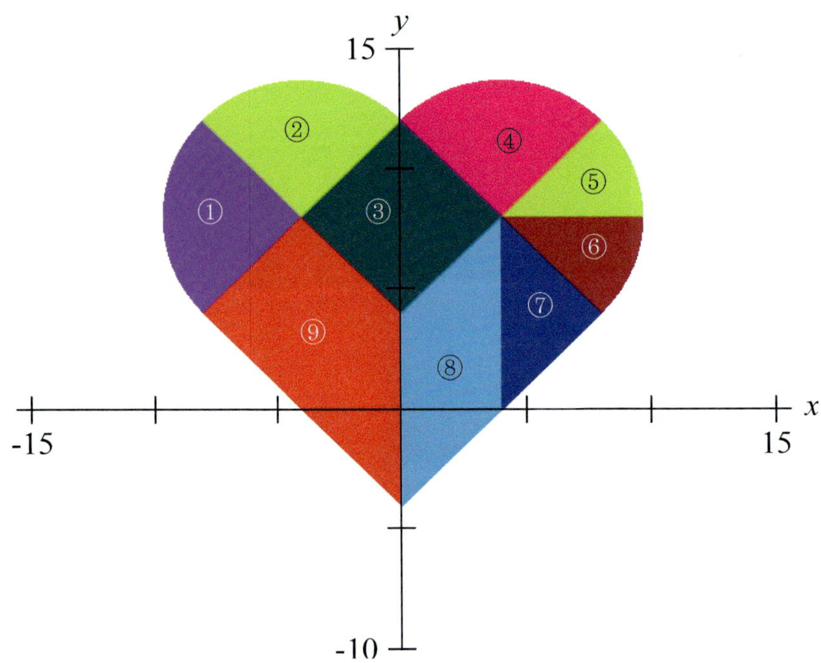

TIP

하트 퍼즐은 가장 가운데 있는 정사각형 ③의 영역의 크기를 정하는 것이 가장 중요하다. 여기서는 한 변의 길이가 4인 정사각형이다. 이 조각의 크기가 정해지면 다른 조각들의 수식을 입력하는 것은 쉽게 할 수 있을 것이다.

입력 수식들

	하트 퍼즐
①	$\begin{cases} (x+4)^2+(y-8)^2<32 \\ -x+y>12 \\ -x-y>-4 \end{cases}$
②	$\begin{cases} (x+4)^2+(y-8)^2<32 \\ -x+y>12 \\ -x-y<-4 \end{cases}$
③	$\begin{cases} -x-y>-12 \\ -x+y<12 \\ -x-y<-4 \\ -x+y>4 \end{cases}$
④	$\begin{cases} (x-4)^2+(y-8)^2<32 \\ -x-y<-12 \\ -x+y>4 \end{cases}$
⑤	$\begin{cases} (x-4)^2+(y-8)^2<32 \\ -x+y<4 \\ y>8 \end{cases}$
⑥	$\begin{cases} -x-y>-12 \\ -x+y>-4 \\ 4<x<8 \end{cases}$
⑦	$\begin{cases} (x-4)^2+(y-8)^2<32 \\ -x-y<-12 \\ y<8 \end{cases}$
⑧	$\begin{cases} -x+y<12 \\ x+y>-4 \\ -x-y>-4 \\ x<0 \end{cases}$
⑨	$\begin{cases} x^2+y^2<25 \\ -2.07x+2.07y>-4.28 \\ y<0 \\ x>0 \end{cases}$

(2) 에그 퍼즐

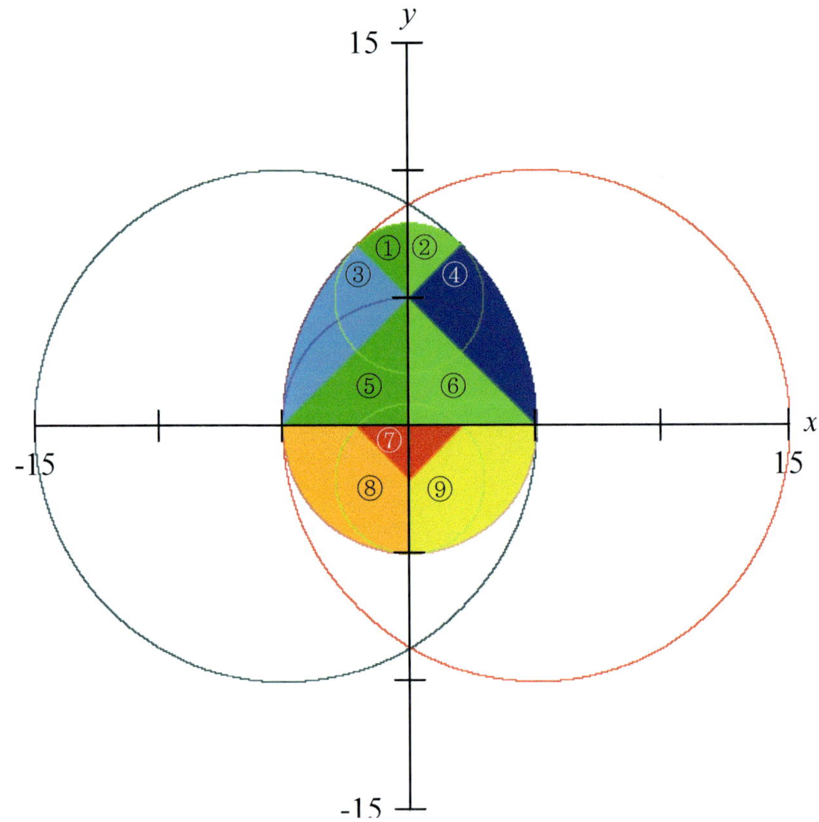

TIP

에그 퍼즐의 ⑤, ⑥ 조각의 길이가 같도록 정하는 것이 정하는 것이 제일 중요하고 나머지 조각들은 작도하듯이 수식을 입력하면서 조각들을 만들면 된다. 그리고 ⑧, ⑨ 영역에 있는 원의 중심의 값은 무리수이기 때문에 달걀에 내접하는 원을 정확하게 작도하기가 쉽지 않다는 점을 유의해야 한다.

입력 수식들

	에그 퍼즐
①	$\begin{cases} x^2+(y-5)^2<8.58 \\ x+y>5 \\ x<0 \end{cases}$
②	$\begin{cases} x^2+(y-5)^2<8.58 \\ -x+y>5 \\ x>0 \end{cases}$
③	$\begin{cases} (x-5)^2+y^2<100 \\ -x+y>5 \\ x+y<5 \end{cases}$
④	$\begin{cases} (x+5)^2+y^2<100 \\ -x+y<5 \\ x+y<5 \end{cases}$
⑤	$\begin{cases} -x+y<5 \\ x+y<5 \\ y>0 \\ x<0 \end{cases}$
⑥	$\begin{cases} -x+y<5 \\ x+y<5 \\ y>0 \\ x>0 \end{cases}$
⑦	$\begin{cases} -2.07x+2.07y>-4.28 \\ -2.07x-2.07y<4.28 \\ y<0 \end{cases}$
⑧	$\begin{cases} x^2+y^2<25 \\ -2.07x-2.07y>4.28 \\ y<0 \\ x<0 \end{cases}$
⑨	$\begin{cases} x^2+y^2<25 \\ -2.07x+2.07y>-4.28 \\ y<0 \\ x>0 \end{cases}$

읽을거리

하트 퍼즐과 에그 퍼즐

1) 하트 퍼즐

탱그램이나 삼각형 퍼즐, 아르키메데스 퍼즐 등의 도형 퍼즐은 크기와 모양이 다른 조각을 이리저리 맞추어 보고 놀이를 하면서 도형 감각뿐만 아니라 수학적인 사고력과 창의력을 길러 준다. 더불어 끝까지 해냈을 때, 맞췄다는 성취감과 흥미를 불러일으킨다.

9개 조각으로 부서진 심장이란 이름의 하트 퍼즐은 정사각형 1개, 큰 부채꼴 3개, 작은 부채꼴 2개, 사다리꼴 1개로 이뤄져 있으며 다양하고 독특한 각도와 곡선이 포함되어 수 백 가지의 디자인이 가능하다고 한다. 여러 가지 모양을 맞춰보고 곡선을 이용한 창의적인 아름다운 모양을 작도해 보자.

하트 퍼즐 작도 순서

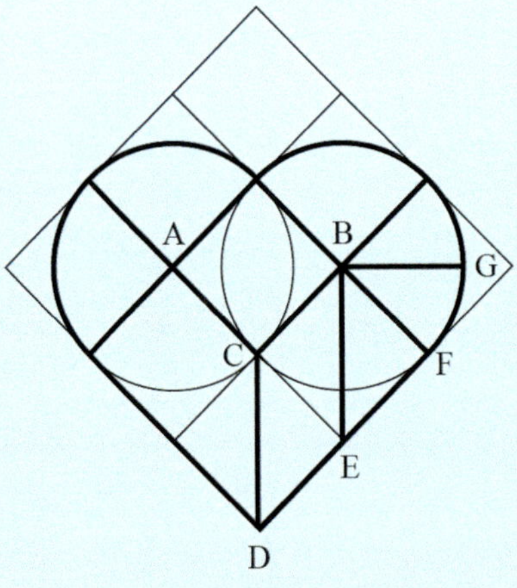

1. 컴퍼스로 가로, 세로가 12인 정사각형을 그린다. (Tip: 쉽게 그리도록 하기 위해서는 모눈 눈금이 있는 곳에서 하면 쉽다.)

2. 그림과 같이 크기가 4인 간격으로 가는 선을 그어서 한 변의 길이가 4인 정사각형 9개 만든다. (Tip: 각 변을 3등분하여 연결하면 9개의 정사각형이 나타나게 함.)
3. 그림의 두 점 A, B를 중심으로 각각 반지름의 길이가 4인 원을 그린다.
4. 두 점씩 C, D와 B, E를 각각 자로 긋고, 점 B와 F, G를 각각 연결하여 굵은 선으로 긋는다. (Tip: C, D와 B, E를 각각 잇고 점 B와 F, G를 연결함.)

만들어 보기

(2) 에그 퍼즐

독일에서 처음 개발되어 '콜럼버스의 에그(Egg of Columbus)' 또는 '요술 에그(Magic Egg)'이라고도 전해지는 에그 퍼즐은 발상의 전환이 필요한 퍼즐이다. 에그 퍼즐은 지름의 길이가 서로 다른 모양의 원판 세 개와 삼각형 모양의 판을 함께 이용하여 만든 9개 조각의 퍼즐이다. 에그 퍼즐은 알에서 새가 부화하여 어미 새가 되듯 9개 조각으로 여러 모양의 새를 만들 수 있다.

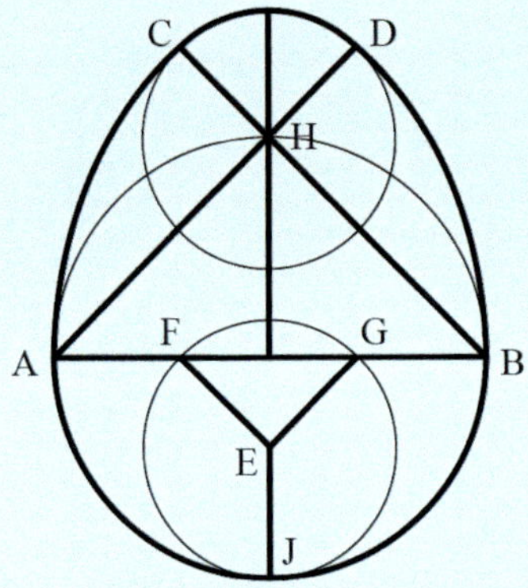

에그 퍼즐 작도 순서

1. 컴퍼스로 지름의 길이가 10인 원을 그리고, 지름을 위의 그림과 같이 그어 원과 만나는 점을 각각 A, B, J, H로 표시한다.
2. 점 A에서 H를 지나는 길이가 10인 선분 AD를 그리고, 마찬가지로 점 B에서 H를 지나는 길이가 10인 선분 BC를 그린다.
3. 점 A를 중심으로 반지름의 길이가 10인 호 BD를 그리고, 마찬가지로 점 B를 중심으로 호 AC를 그린다.
4. 두 부채꼴이 만나는 점 H를 중심으로 점 C, D와 접하게 컴퍼스로 원을 그린다.
5. 선분 HD의 길이를 반지름으로 하고 점 E를 중심으로 J와 접하게 원을 그린다.
6. 선분 AB와 앞에서 그린 원과 만나는 점을 각각 F, G라 하고 선분 EF와 선분 EG를 긋는다.

만들어 보기

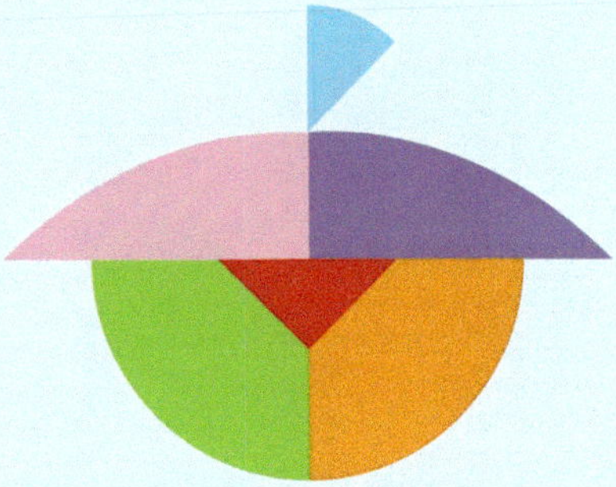

(3) 칠교판

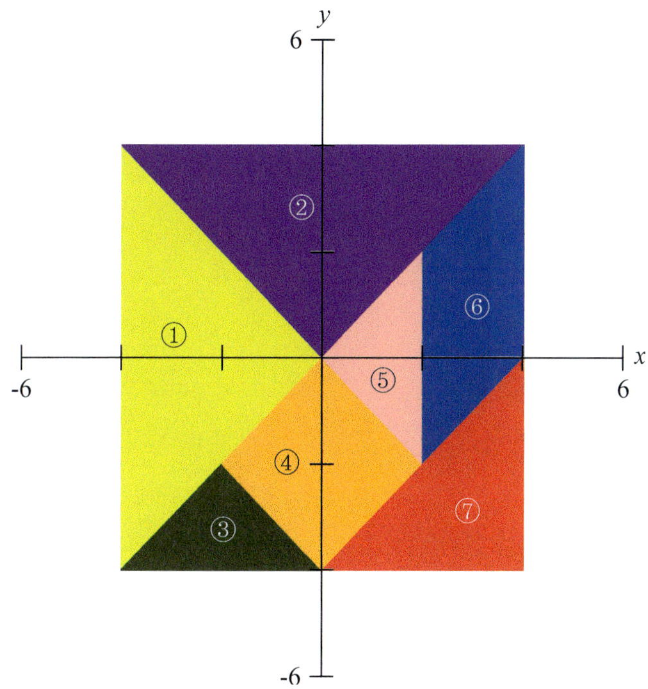

TIP

칠교판은 모두 직선으로 도형들을 만들 수 있으므로 어렵지 않게 만들 수 있을 것이다. 그래서 가장 큰 정사각형의 한 변의 길이를 가능하면 짝수의 길이가 되도록 하면 수식을 만들 때나 계산할 때 편리할 수 있다.

입력 수식들

칠 교 판			
①	$\begin{cases} -x+y>0 \\ x+y<0 \\ -4<x<0 \end{cases}$	⑤	$\begin{cases} -x+y<0 \\ x+y>0 \\ 0<x<2 \end{cases}$
②	$\begin{cases} -x+y>0 \\ x+y>0 \\ 0<y<4 \end{cases}$	⑥	$\begin{cases} -x+y<0 \\ -x+y>-4 \\ 2<x<4 \end{cases}$
③	$\begin{cases} -x+y<0 \\ -x-y>4 \\ -4<y<-2 \end{cases}$	⑦	$\begin{cases} -x+y<-4 \\ y>-4 \\ x<4 \end{cases}$
④	$\begin{cases} -x+y<0 \\ -x+y>-4 \\ -x-y<4 \\ x+y<0 \end{cases}$		

칠교판(탱그램)

칠교판은 정사각형을 ①~⑦과 같이 7개의 조각으로 나누고, 이 조각들을 이용하여 여러 가지 모양을 만들어 보는 것을 '칠교놀이'라고 한다. '칠교'라는 이름은 판이 7개의 조각으로 이루어진 데에서 유래되었다고 한다. 이 판을 '칠교판'이라 하며 중국에서는 지혜판이라고 하였으며 탱그램(Tangram)이란 이름으로 세계에 널리 퍼졌다.

다음 그림과 같이 한 변의 길이가 4인 정사각형을 7개의 조작으로 나누어진 칠교판을 활용하여 여러 가지 사실들을 알아보자.

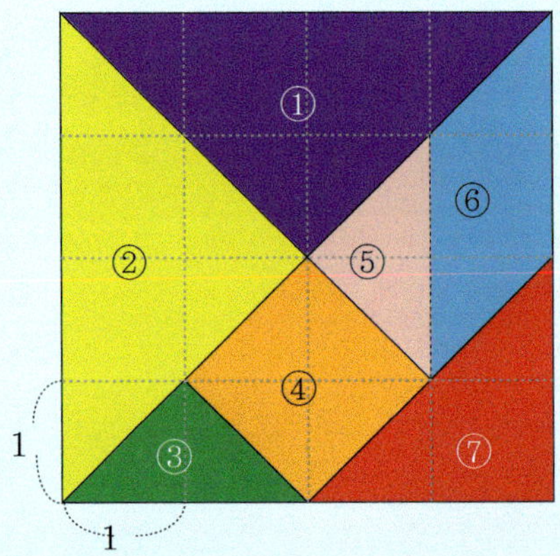

(1) ④번 조각의 넓이는 $\sqrt{2}$ 이다. 왜냐하면, 다음 그림과 같이 나타낼 수 있기 때문이다. 그러면 (가운데 정사각형의 넓이)=(큰 정사각형의 넓이)$-4\times$(직각이등변삼각형)이므로 ④번 조각의 넓이는 $2\times2-4\times\left(\frac{1}{2}\times1\times1\right)=2$가 된다. 그리고 이 정사각형의 한 변의 길이를 x라 하면 $x^2=2$이므로 $x=\sqrt{2}$가 된다. 이것을 일반화하면 $x^2=a$가 되는 x를 어떻게 표현하면 좋을지 수학자처럼 고민해 보는 기회가 될 것이며 이것을 표현하기 위해서는 새로운 수가 필요하다는 것을 느낄 수 있을 것이다.

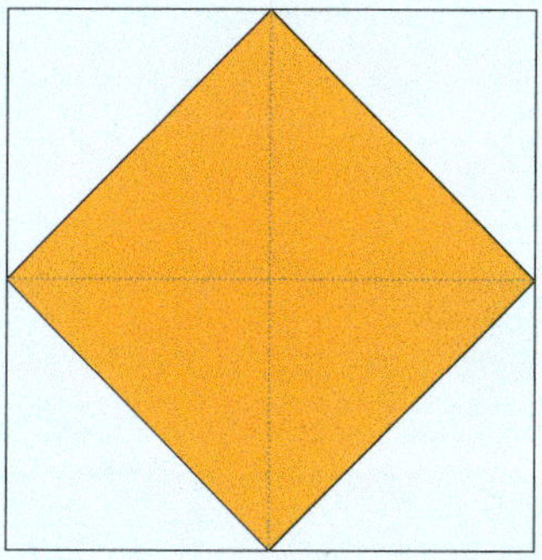

(2) 다음 두 도형 A, B의 넓이를 구하여 보자. 도형 A의 넓이는 4가 되고 B의 넓이는 6이 된다는 것을 쉽게 구할 수 있다.

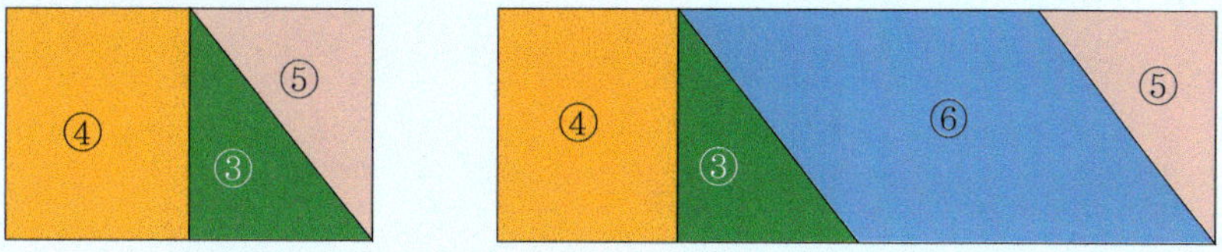

A B

도형의 넓이를 구하는 과정에서 제곱근의 연산, 즉 덧셈과 곱셈 방법에 대해 알게 된다. 또한, 근호를 포함하는 식의 덧셈이나 곱셈은 다항식의 덧셈이나 곱셈과 유사한 방법으로 계산할 수 있고 근호 안의 수가 같은 제곱근은 동류항으로 생각하여 계산할 수 있다.

(3) 다음 그림과 같이 'A의 넓이=B의 넓이 + C의 넓이'의 관계가 성립하게 칠교 조각을 활용하여 만들어 보자. (단, 1개 이상의 칠교판을 사용하여도 무방하다.)

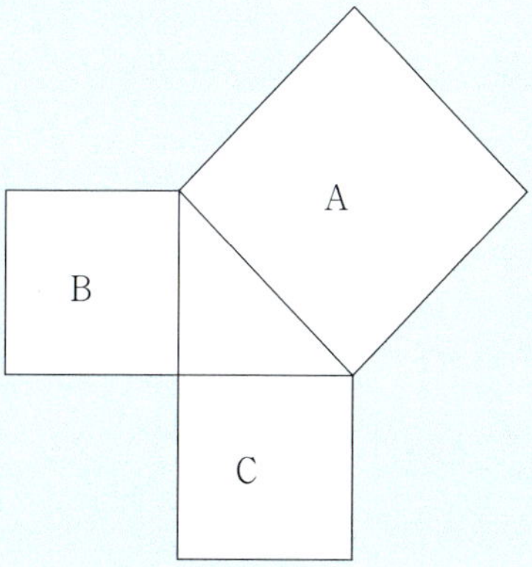

다음 세 개의 그림 P, Q, R에서 그림 P, Q는 1개의 칠교판으로, 그림 R은 2개의 칠교판으로 만들 수 있으며 피타고라스 정리가 성립한다는 것을 알 수 있다.

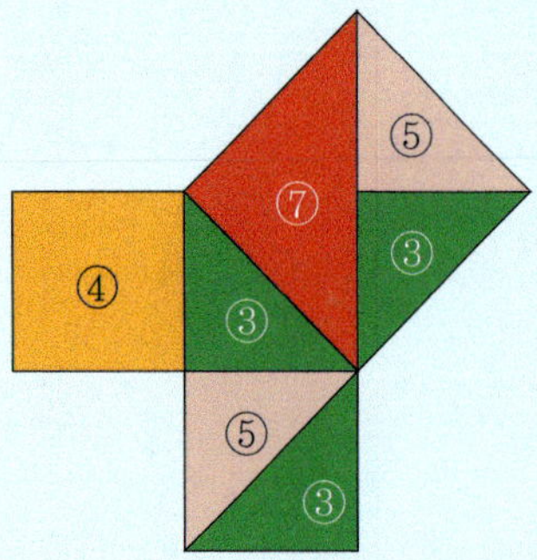

P

Q

R

도형 P, Q, R의 넓이와 한 변의 길이에 대해 정리하면 다음과 같이 나타낼 수 있다.

영역 / 도형	A		B		C	
	넓이	한 변의 길이	넓이	한 변의 길이	넓이	한 변의 길이
P	4	2	2	$\sqrt{2}$	2	$\sqrt{2}$
Q	8	$2\sqrt{2}$	4	2	4	2
R	16	8	8	$2\sqrt{2}$	8	$2\sqrt{2}$

만들어 보기

참고문헌

김동근, 서보억(2018. 4). 수학적 도구의 역량: 수학교육에서 수학적 과정 및 교과 역량(pp. 175~206). 서울 : 경문사.

5 창작과 체험

(1) 인체[5]

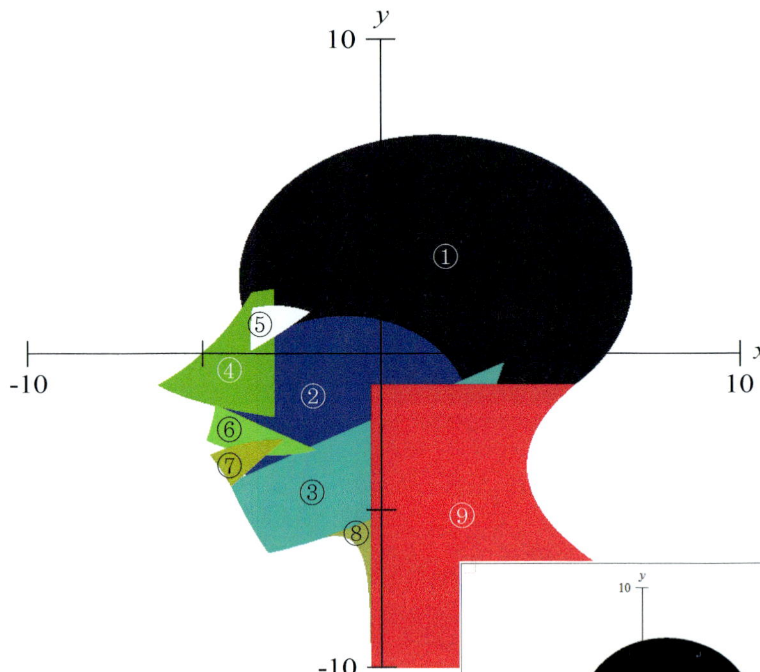

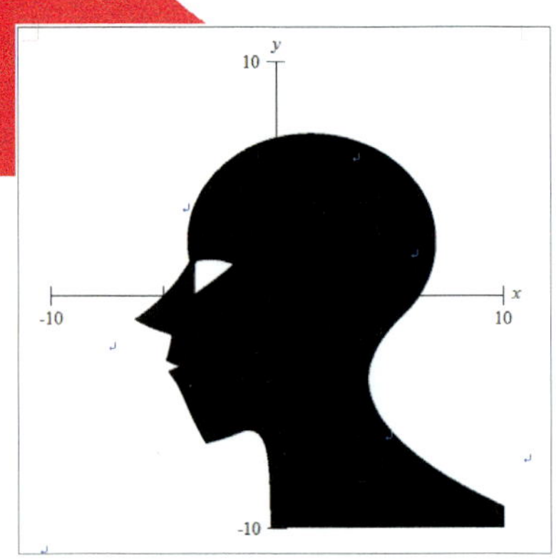

TIP

우선 손으로 스케치한 후 영역을 나누고 포물선, 원, 타원, 직선의 영역에 해당하는 부분을 설정한 후 수식을 입력하는 것이 좋다. 그리고 위 작품은 겹치는 부분들이 있어 동일한 색 즉 '검정색'으로 통일하였다. 그렇게 함으로 오히려 미적인 감각을 높였다.

5) 우희원(청구고등학교 졸업생, 2018)

입력 수식들

	인 체
①	$5(x-1.5)^2+7(y-2.3)^2<150$
②	$5(x+1)^2+6(y+2)^2<60$
③	$\begin{cases} y+8>\frac{1}{2.6}(x+1.1)^2 \\ y+6.7>\frac{1}{23}(x+6)^2 \\ y<\frac{1}{2}(x-3.95) \end{cases}$
④	$\begin{cases} (x+10)^2+(y-5)^2>50 \\ x^2+10y^2<50 \\ x<-3 \end{cases}$
⑤	$\begin{cases} y-1.5<\frac{-1}{5}5(x+3)^2 \\ (x+14)^2+(y-16)^2<360 \\ (x-5)^2+(y-0.5)^2<75 \end{cases}$
⑥	$\begin{cases} (x+10)^2+(y+1)^2>29 \\ (x+3)^2+(y-1)^2<18 \\ y<\frac{-1}{2}x-4 \end{cases}$
⑦	$\begin{cases} (x+2.8)^2+(y+7)^2<18 \\ (x+10)^2+(y+7)^2>41 \\ y>x \end{cases}$
⑧	$\begin{cases} y+4.8>\ln-(x+0.3)+(x+0.3) \\ y+6.7<\frac{1}{23}(x+6)^2 \\ x>-2 \end{cases}$
⑨	$\begin{cases} x-4<\frac{1}{5}(y+3.6)^2 \\ x>-0.3 \\ y<-1 \end{cases}$

(2) 앵그리버드[6)]

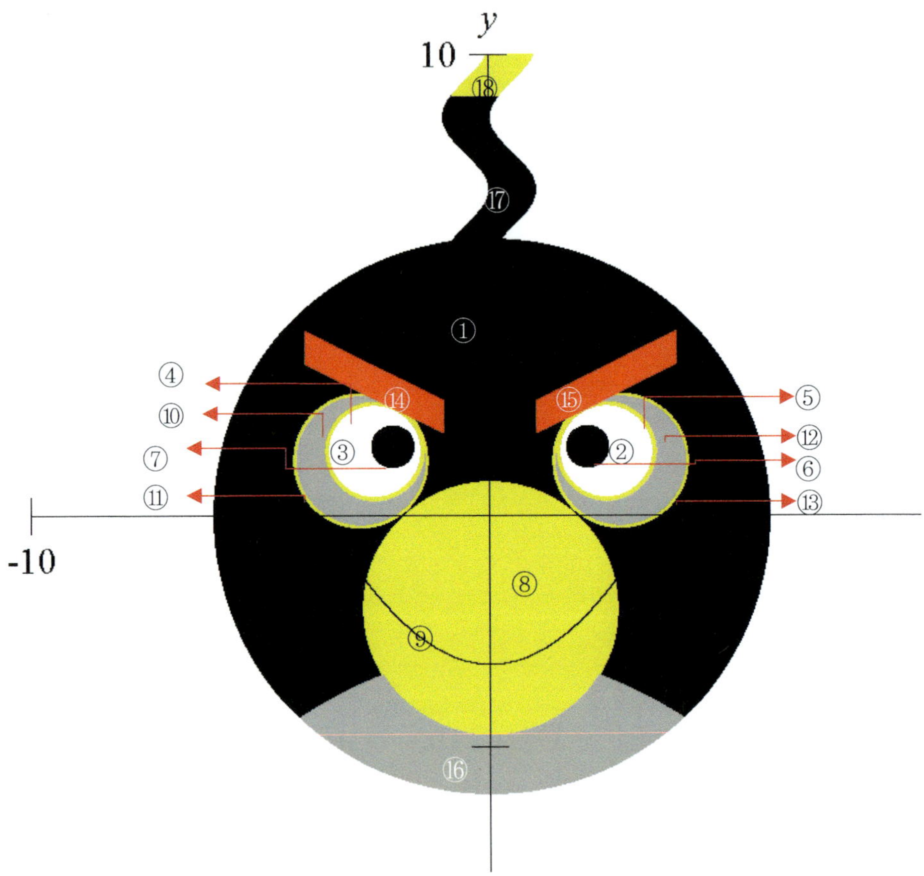

TIP

전체적인 윤곽을 잡기 위해 먼저 기준이 되는 얼굴 부분의 영역부터 수식으로 만든 후 눈과 부리 부분에 해당하는 영역을 차례대로 만들어 가면 좋을 듯하다. 여기서는 처음으로 삼각함수식을 이용하여 나타내어 보았다. 그리고 학생들에게 친숙한 뽀로로나 아기 공룡 둘리, 도티 & 잠뜰 등과 같은 다양한 캐릭터에 도전해 봄으로써 수학이 자신과 가까이에 있다는 것을 느낄 수 있는 기회가 될 것이다.

6) 한회준(청구고등학교 졸업생, 2018)

입력 수식들

앵그리버드			
①	$x^2+y^2 \le 36$	⑩	$\begin{cases}(x+2.8)^2+(y-1.2)^2 \le 2 \\ (x+2.5)^2+(y-1.4)^2 \ge 1.2\end{cases}$
②	$(x-2.5)^2+(y-1.4)^2 \le 1$	⑪	$\begin{cases}(x+2.8)^2+(y-1.2)^2 \ge 2 \\ (x+2.8)^2+(y-1.20^2 \le 2.1\end{cases}$
③	$(x+2.5)^2+(y-1.4)^2 \le 1$	⑫	$\begin{cases}(x-2.8)^2+(y-1.2)^2 \le 2 \\ (x-2.5)^2+(y-1.4)^2 \ge 1.2\end{cases}$
④	$\begin{cases}(x+2.5)^2+(y-1.4)^2 \le 1.2 \\ (x+2.5)^2+(y-1.4)^2 \ge 1\end{cases}$	⑬	$\begin{cases}(x-2.8)^2+(y-1.2)^2 \ge 2 \\ (x-2.8)^2+(y-1.2)^2 \le 2.1\end{cases}$
⑤	$\begin{cases}(x-2.5)^2+(y-1.4)^2 \le 1.2 \\ (x-2.5)^2+(y-1.4)^2 \ge 1\end{cases}$	⑭	$\begin{cases}x \le -1 \\ x \ge -4 \\ y \le -0.5x+2 \\ y \ge -0.5x+1.3\end{cases}$
⑥	$(x-2.1)^2+(y-1.5)^2 \le 0.2$	⑮	$\begin{cases}x \ge 1 \\ x \le 4 \\ y \le 0.5x+2 \\ y \ge 0.5x+1.3\end{cases}$
⑦	$(x+2.1)^2+(y-1.5)^2 \le 0.2$	⑯	$\begin{cases}y \ge -6 \\ x^2+(y+2)^2 \ge 7.5 \\ y \le -0.08x^2-3 \\ x^2+y^2 \le 36\end{cases}$
⑧	$x^2+(y+2)^2 \le 7.5$	⑰	$\begin{cases}x \ge 0.5\ \sin 2y-0.5 \\ y \ge 5 \\ y \le 10 \\ x \le 0.5\ \sin 2y+0.5\end{cases}$
⑨	$\begin{cases}x \le 2.7 \\ x \ge -2.7 \\ y=0.25x^2-3.2\end{cases}$	⑱	$\begin{cases}y \ge 9.1 \\ y \le 10 \\ x \ge 0.5\ \sin 2y-0.5 \\ x \le 0.3\ \sin 2y+0.5\end{cases}$

(3) 잭나이프[7)]

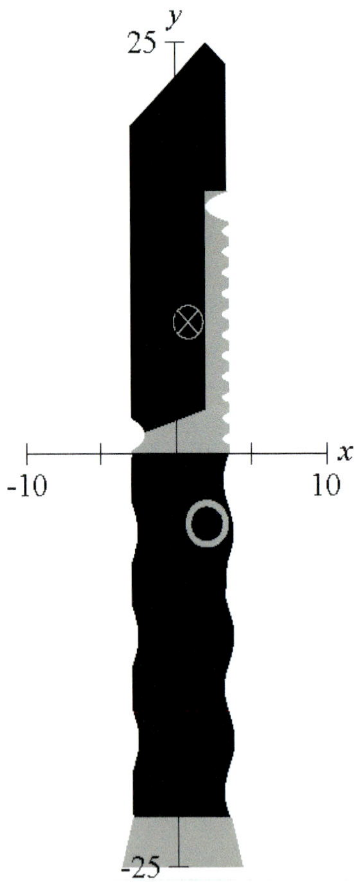

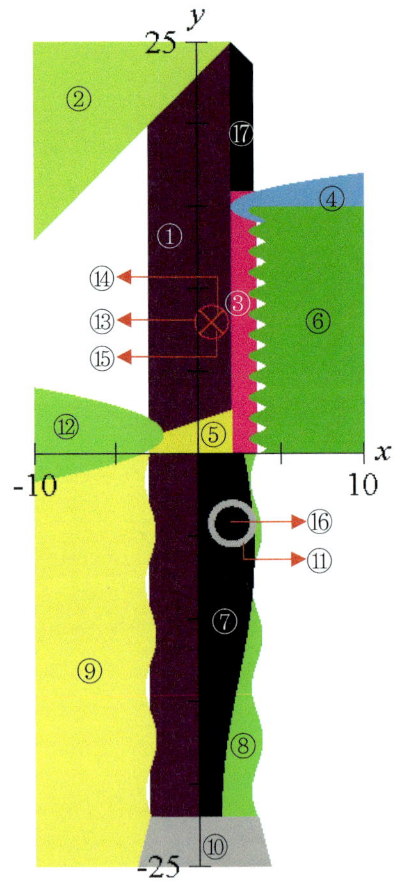

TIP

제일 먼저 잭나이프의 폭을 설정하여 x의 범위를 잡는 것이 중요하다. 그리고 칼날 부분과 손잡이 부분이 균형감 있게 y의 범위를 정하면 좋을 듯하다. 울퉁불퉁한 곡선의 모양이 반복되는 부분의 영역은 삼각함수식을 이용하였다. 이처럼 주기적으로 변하는 모양(예를 들어, 파도치는 모양)을 만들 때 삼각함수식을 이용하면 다양한 부분에 활용할 수 있다.

---

7) 정승윤(청구고등학교 졸업생, 2018)

입력 수식들

젝나이프			
①	$-3 < x < 2$	⑩	$\begin{cases} y < -22 \\ y < 4x - 10 \\ y < -4x - 8 \end{cases}$
②	$y > x + 23$	⑪	$(x-2)^2 + (y+4.2)^2 < 2$
③	$\begin{cases} 2 < x < 3.5 \\ 0 < y < 20 \\ y < -3x + 26 \end{cases}$	⑫	$(y-1.2)^2 < -x - 2.2$
④	$2(y-15)^2 + 2 < x$	⑬	$(x-0.8)^2 + (y-8)^2 = 1$
⑤	$\begin{cases} y < \frac{1}{3}x + 2 \\ -3 < x < 2 \\ 0 < y < 3 \end{cases}$	⑭	$\begin{cases} y = x + 7.2 \\ (x-0.8)^2 + (y-8)^2 < 1 \end{cases}$
⑥	$\begin{cases} x > \frac{1}{2}\sin 5y + 3.6 \\ 0 < y < 15 \end{cases}$	⑮	$\begin{cases} y = -x + 8.8 \\ (x-0.8)^2 + (y-8)^2 < 1 \end{cases}$
⑦	$\begin{cases} x < -\sin\frac{1}{5}(y-2) + 2.3 \\ y < 0 \\ 0 < x < 3.5 \end{cases}$	⑯	$(x-2)^2 + (y+4.2)^2 < 1$
⑧	$\begin{cases} x < \frac{1}{3}\sin y + 3.4 \\ y < 0 \\ x > 0 \end{cases}$	⑰	$\begin{cases} 2 < x < 3.3 \\ 16 < y < 25 \\ y < -x + 26.9 \end{cases}$
⑨	$\begin{cases} x < \frac{1}{3}\sin y - 3 \\ y < 0 \end{cases}$		

(4) 자동차[8)]

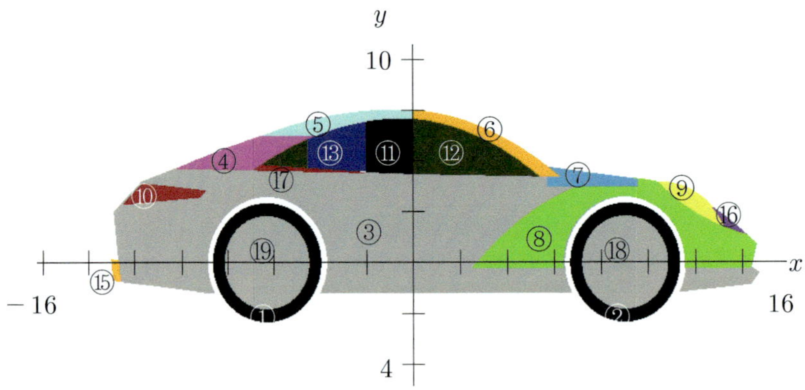

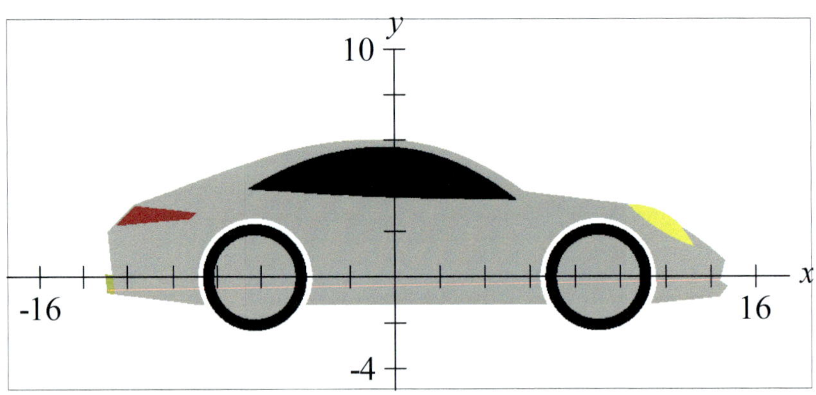

TIP

차의 크기를 좌우하는 중심축이 되는 바퀴의 위치나 크기를 먼저 수식으로 입력하고 차체의 크기, 전조등, 미등, 창문의 순서대로 수식을 입력하면 좋을 듯하다. 버스나 트럭과 같은 과제에 도전해 보는 것도 좋을 듯하다.

---

8) 우희원(청구고등학교 졸업생, 2018)

입력 수식들

자동차			
①	$3.3 < (x+6.3)^2+y^2 < 5.4$	②	$3.3 < (x-9)^2+y^2 < 5.4$
③	$\begin{cases} (x+6.3)^2+y^2 > 6.76 \\ (x-9)^2+y^2 > 6.76 \\ \frac{18}{50}x+7.4 > y > \frac{1}{10}x-2.3 \\ -\frac{1}{50}x+3.5 > y > -\frac{1}{8}x-2.3 \\ x+14.9 > y > -10(x+12.7) \\ -\frac{27}{40}x+9.5 > y > \frac{4}{3}x-20 \\ y > -1.2 \end{cases}$	④	$\begin{cases} y < -\frac{1}{100}(x-9)^2+7.4 \\ x < 0 \\ y > -\frac{1}{50}x+3.5 \\ 5 > y > -\frac{1}{20}(x+0.5)^2+5.7 \end{cases}$
⑤	$\begin{cases} 5 < y < -\frac{1}{30}(x+1)^2+6 \\ x < 0 \\ y > -\frac{1}{20}(x+0.5)^2+5.7 \\ y > -\frac{1}{20}(x+0.5)^2+5.7 \end{cases}$	⑥	$\begin{cases} -\frac{1}{50}x+3.5 < y < -\frac{1}{17}(x+0.5)^2+6 \\ x > 0 \\ -\frac{1}{15}(x+0.5)^2+5.7 < y \end{cases}$
⑦	$\begin{cases} 3 < y < -\frac{1}{8}(x-6)^2+3.7 \\ 5.7 < x < 9.5 \end{cases}$	⑧	$\begin{cases} -0.2 < y < -\frac{1}{12}(x-9)^2+3.3 \\ y > 4(x-14.4) \\ (x-8.95)^2+y^2 > 6.76 \\ (x-16)^2+(y-9)^2 > 66 \end{cases}$
⑨	$\begin{cases} (x-10.4)^2+y^2 < 10 \\ (x-16)^2+(y-9)^2 < 66 \end{cases}$	⑩	$\begin{cases} \frac{1}{12}x+3..5 < y < -\frac{4}{37}x+1.85 \\ x+14.8 > y > x+11.8 \end{cases}$
⑪	$\begin{cases} -\frac{1}{27}x+3.5 < y < -\frac{1}{20}(x+0.5)^2+5.7 \\ -2 < x < 0 \end{cases}$		
⑫	$\begin{cases} -\frac{1}{50}x+3.5 < y < -\frac{1}{15}(x+0.5)^2+5.7 \\ x > 0 \end{cases}$		
⑬	$\begin{cases} -\frac{1}{22}x+3.5 < y < -\frac{1}{20}(x+0.5)^2+5.7 \\ -4.5 < x < -2 \end{cases}$		
⑭	$\begin{cases} -\frac{1}{15}x+3.4 < y -\frac{1}{20}(x+0.5)^2+5.7 \\ x < -4.5 \end{cases}$	⑮	$\begin{cases} -\frac{1}{8}x-1.5 > y > -\frac{1}{8}x-2.3 \\ x < -12 \\ -10(x+12.7) > y - 10(x+13) \end{cases}$
⑯	$\begin{cases} -0.2 < y < -\frac{1}{12}(x-9)^2+3.3 \\ y > 4(x-14.4) \\ x > 12 \\ (x-10.4)^2+y^2 > 10 \end{cases}$	⑰	$\begin{cases} y < -\frac{1}{100}(x-9)^2+7.4 \\ x < 0 \\ -\frac{1}{15}x+3.4 > y > -\frac{1}{50}x+3.5 \\ 5 > y \end{cases}$
⑱	$3.3 > (x-9)^2+y^2$	⑲	$3.3 > (x+6.3)^2+y^2$

(5) 눈사람과 크리스마스트리[9]

TIP

제일 먼저 기준이 되는 나무 기둥부터 수식을 만들고 난 후 소나무에 해당하는 영역을 만들어 가면 좋을 듯하다. 그리고 크기가 작은 부분의 해당 영역의 표시는 생략하였다. 분위기 있는 화이트 크리스마스 느낌이 나도록 펑펑 눈 내리는 모습을 연출하려면 더 많은 원 방정식을 활용하면 될 듯하다.

9) 김가은(대구 신명여자중학교 3학년)

입력 수식들

크리스마스트리		눈사람	
①	$\begin{cases} -6 < y < -2 \\ -2 < x < 2 \end{cases}$ (나무 기둥)	⑦	$(x+6)^2+(y+4)^2 < 12$
②	$\begin{cases} y < x+5.5 \\ y < -x+5.5 \\ y > -2 \end{cases}$ (큰 소나무)	⑧	$(x+6)^2+(y-0.5)^2 < 8$
③	$\begin{cases} y < x+7.5 \\ y < -x+7.5 \\ y > 2 \end{cases}$ (중간 소나무)	⑨	$(x+7)^2+(y-1.2)^2 < 0.03$
④	$\begin{cases} y < x+9 \\ y < -x+9 \\ y > 5 \end{cases}$ (작은 소나무)	⑩	$(x+5)^2+(y-1.2)^2 < 0.03$
별		⑪	$(x+6)^2+(y-0.9)^2 < 0.15$
⑤	$\begin{cases} y > x+7 \\ y > -x+7 \\ y < 9.2 \end{cases}$	⑫	$(x+8)^2+(y-0.1)^2 < 0.35$
⑥	$\begin{cases} y < x+10 \\ y < -x+10 \\ y > 8 \end{cases}$	⑬	$(x+4)^2+(y-0.1)^2 < 0.35$
눈송이		**언덕**	
⑮	$(x+8.5)^2+(y-8)^2 < 0.01$	⑭	$-10 < y < -6$
⑯	$(x+4)^2+(y-7)^2 < 0.01$		
⑰	$(x-8)^2+(y+2)^2 < 0.01$		
⑱	$(x-4)^2+(y-7)^2 < 0.01$		
⑲	$(x-6)^2+(y-4)^2 < 0.01$		
⑳	$(x-9)^2+(y-9)^2 < 0.01$		

(6) 수학 선생님10)

TIP

먼저 기준이 되는 칠판의 수식을 만든 후 선생님의 모습을 만들면 좋을 듯하고 한 손에 들고 있는 선생님의 책은 입체감 있게 보이도록 이차함수식을 이용하여 만든다. 이렇게 수식 입력을 완성하고 나면 자신이 좋아하던 선생님의 모습이 기억날 것 같다.

10) 이지수(창원 중앙여자고등학교 2학년)

입력 수식들

수학 선생님			
①	$\begin{cases}-9 \le x \le 9 \\ -2 \le y \le 9\end{cases}$	⑭	$(x-1)^2+(y-1.5)^2 \le \frac{1}{2}$
②	$\begin{cases}-2 \le y \le -1 \\ -9 \le x \le 9\end{cases}$	⑮	$(x-7)^2+(y+1)^2 \le \frac{1}{2}$
③	$\begin{cases}-8 \le x \le -6 \\ -1 \le y \le -\frac{1}{2}\end{cases}$	⑯	$\begin{cases}-1 \le x \le \frac{1}{2} \\ 1.5 \le y \le 2\end{cases}$
④	$(x-5)^2+(y-4)^2 \le 7$	⑰	$y \le -8.5$
⑤	$\begin{cases}y \le -(x-5)^2+4-\sqrt{7} \\ y \ge -5\end{cases}$	⑱	$(x-4)^2+(y-4)^2 \le \frac{1}{2}$
⑥	$\begin{cases}3 \le x \le 4.5 \\ -8 \le y \le -5\end{cases}$	⑲	$(x-3.8)^2+(y-4)^2 \le \frac{1}{3}$
⑦	$\begin{cases}5.5 \le x \le 7 \\ -8 \le y \le -5\end{cases}$	⑳	$\begin{cases}y \ge -\sqrt{(x-3)+6} \\ x \le 8 \\ y \le 8\end{cases}$
⑧	$\begin{cases}2 \le x \le 4.5 \\ -8 \le y \le -8.5\end{cases}$	㉑	$(x-4)^2+(y-2)^2 \le \frac{1}{2}$
⑨	$\begin{cases}5.5 \le x \le 7.5 \\ -8.5 \le y \le 8\end{cases}$	㉒	$\begin{cases}-5 \le x \le -1 \\ 3.5 \le y \le 4\end{cases}$
⑩	$\begin{cases}y = \sqrt{(-x+4)}-\frac{1}{2} \\ x \ge \frac{1}{2}\end{cases}$	㉓	$\begin{cases}-3.25 \le x \le -2.75 \\ 1.5 \le y \le 6\end{cases}$
⑪	$\begin{cases}y \le -\frac{1}{2}(x-5)^2 \\ y \ge -1\end{cases}$	㉔	$\begin{cases}-7 \le x \le -6.5 \\ 1 \le y \le 6.5\end{cases}$
⑫	$\begin{cases}y \le -\frac{1}{2}(x-7)^2 \\ y \ge -1\end{cases}$	㉕	$\begin{cases}y \ge x+13 \\ y \le 6.5 \\ -8 \le x \le -7 \\ y \ge x+13.5\end{cases}$
⑬	$\begin{cases}3.5 \le x \le 8.5 \\ -1.3 \le y \le -1\end{cases}$	㉖	

(7) 비스마르크 전함[11]

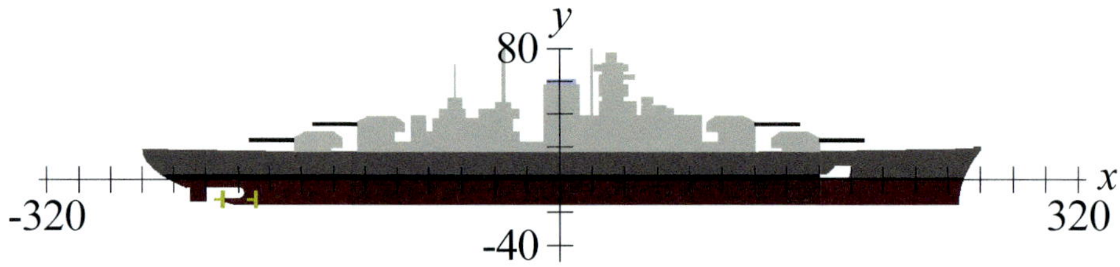

① 선두(확대)

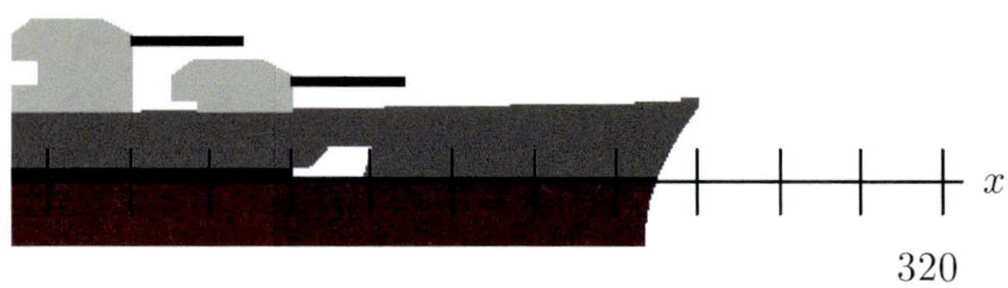

② 중앙(확대)

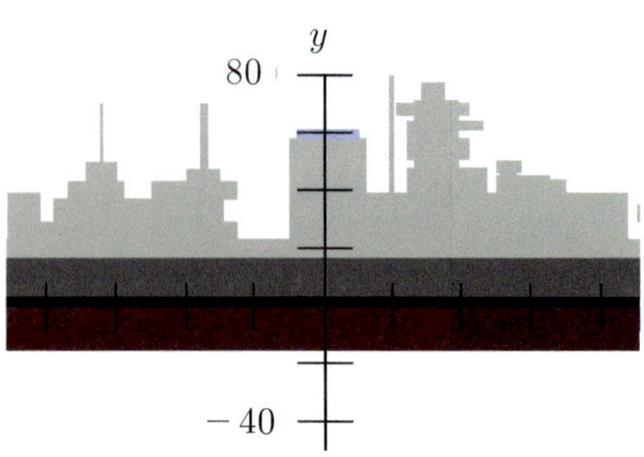

③ 선미(확대)

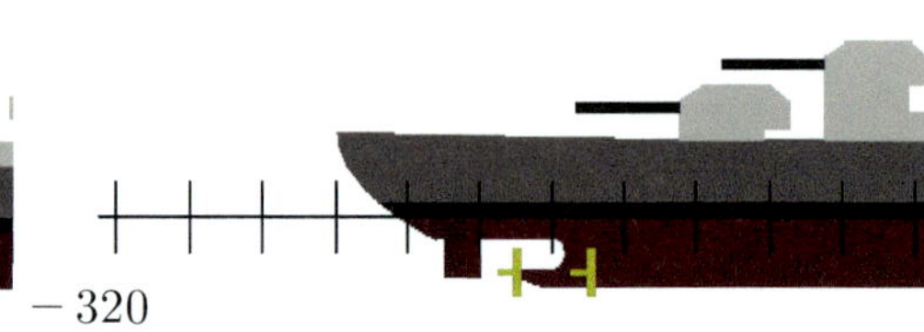

TIP

비스마르크 전함은 약 60여 개의 수식으로 만들어졌으며 함교와 함포는 직선으로 이루어져 있고 선체에만 무리함수와 원방정식의 그래프가 이용되었다. 수식을 사용하여 만드는데 장작 7시간 이상이 소요되었지만 사용된 수식들은 간단하기에 도전해 볼만한 과제이다.

11) 이건희(청구고등학교 졸업생, 2018)

입력 수식들

① 선체

명칭	수식	명칭	수식
선체 #1	$-260 \le x \le 260$	선체 #11	$\begin{cases} y \ge -\frac{1}{60}x+15 \\ 120 \le x \le 255 \\ y \le 20 \end{cases}$
선체 #2	$-260 \le x \le 260$	선체 #12	$\begin{cases} 17.5 \le y \le 20 \\ -180 \le x < 120 \end{cases}$
선체 #3	$-260 \le x \le 260$	선체 #13	$\begin{cases} y \ge -\frac{1}{60}x+14.5 \\ -260 \le x \le -180 \\ y \le 20 \end{cases}$
선체 #4	$\begin{cases} 1 \le y \le 3 \\ -260 \le x \le 160 \end{cases}$	선체 #14	$-232 \le x \le -200$
선체 #5	$\begin{cases} 1.5 < y < 3 \\ 160 < x < 180 \end{cases}$	선체 #15	$(x+200)^2+(y+8)^2 \le 9$
선체 #6	$\begin{cases} 3 \le y \le 8 \\ 165 \le x \le 180 \end{cases}$	선체 #16	$-230 \le x \le -220$
선체 #7	$\begin{cases} y \ge x-161 \\ 165 \le x \le 170 \\ 3 \le y \le 8 \end{cases}$	선체 #17	$-211 \le x \le -209$
선체 #8	$\begin{cases} y \le 3x-534 \\ 1.5 \le y \le 8 \\ x \le 220 \end{cases}$	선체 #18	$-190 \le x \le -188$
선체 #9	$y \le -15+\sqrt{80(x-247)}$	선체 #19	$\begin{cases} -12.5 \le y \le -11.5 \\ -215 \le x \le -209 \end{cases}$
선체 #10	$y \le 18-\sqrt{20(x+260)}$	선체 #20	$\begin{cases} -12.5 \le y \le -11.5 \\ -195 \le x \le -189 \end{cases}$

② 함교

명칭	수식	명칭	수식
함교 #1	$\begin{cases} -125 \le x \le 120 \\ 17 \le y \le 23 \end{cases}$	함교 #4-1	$\begin{cases} -91 \le x \le -82 \\ 20 \le y \le 39 \end{cases}$
함교 #2-1	$\begin{cases} -10 \le x \le 87 \\ 20 \le y \le 39 \end{cases}$	함교 #4-2	$\begin{cases} -91 \le x \le -25 \\ 20 \le y \le 29 \end{cases}$
함교 #2-2	$\begin{cases} -10 \le x \le 12 \\ 39 \le y \le 58 \end{cases}$	함교 #4-3	$\begin{cases} -78 \le x \le -29 \\ 29 \le y \le 37 \end{cases}$
함교 #2-3	$\begin{cases} -8 \le x \le 10 \\ 58 < y \le 61 \end{cases}$	함교 #4-4	$\begin{cases} -74 \le x \le -58 \\ 37 \le y \le 43 \end{cases}$
함교 #2-4	$\begin{cases} y \ge -\frac{1}{20}x + 42 \\ x \le 87 \\ y \le 39 \end{cases}$	함교 #4-5	$\begin{cases} -69 \le x \le -60 \\ 43 \le y \le 50 \end{cases}$
함교 #2-5	$\begin{cases} 50 \le x \le 70 \\ 36 \le y \le 45 \end{cases}$	함교 #4-6	$\begin{cases} -50 \le x \le -25 \\ 37 \le y \le 43 \end{cases}$
함교 #2-6	$\begin{cases} 66 \le x \le 71 \\ 44 \le y \le 46 \end{cases}$	함교 #4-7	$\begin{cases} -40 \le x \le -30 \\ 43 \le y \le 47 \end{cases}$
함교 #2-7	$\begin{cases} 50 \le x \le 57 \\ 46 \le y \le 50.5 \end{cases}$	함교 #5-1	$\begin{cases} -65 \le x \le -64 \\ 50 \le y \le 70 \end{cases}$
함교 #2-8	$\begin{cases} 51 \le x \le 55.5 \\ 45 \le y \le 46 \end{cases}$	함교 #5-2	$\begin{cases} -36 < x \le -34 \\ 45 \le y \le 80 \end{cases}$
함교 #3-1	$\begin{cases} 24 \le x \le 47 \\ 39 \le y \le 48 \end{cases}$	함교 #6	$\begin{cases} 19 \le x \le 20 \\ 39 \le y \le 80 \end{cases}$
함교 #3-2	$\begin{cases} 26 \le x \le 39 \\ 48 \le y \le 71 \end{cases}$		
함교 #3-3	$\begin{cases} 24 \le x \le 42 \\ 51 \le y \le 58 \end{cases}$		
함교 #3-4	$\begin{cases} 24 \le x \le 39 \\ 51 \le y \le 64 \end{cases}$		
함교 #3-5	$\begin{cases} 24 \le x \le 46 \\ 61 \le y \le 64 \end{cases}$		
함교 #3-6	$\begin{cases} 21 \le x \le 42 \\ 66 \le y \le 70 \end{cases}$		
함교 #3-7	$\begin{cases} 28 \le x \le 35 \\ 70 \le y \le 77 \end{cases}$		

③ 함포

명칭	수식	명칭	수식
함포 #1	$\begin{cases} 130 \le x \le 160 \\ 19.5 \le y \le 29 \end{cases}$	함포 #2	$\begin{cases} 90 \le x \le 120 \\ 29 \le y \le 38.5 \end{cases}$
함포 #1-1	$\begin{cases} 160 \le x \le 188 \\ 23 \le y \le 25 \end{cases}$	함포 #2-1	$\begin{cases} 120 \le x \le 148 \\ 32.5 \le y \le 34.5 \end{cases}$
함포 #1-2	$\begin{cases} y > -\frac{1}{2}x + 106 \\ x \le 160 \\ y \le 30 \end{cases}$	함포 #2-2	$\begin{cases} y \ge -\frac{1}{2}x + 95.5 \\ x \le 120 \\ y \le 39 \end{cases}$
함포 #1-3	$\begin{cases} y \ge \frac{2}{3}x - 61 \\ 130 \le x \le 136 \\ 20 \le y \le 30 \end{cases}$	함포 #2-3	$\begin{cases} y \ge \frac{2}{3}x - 24.5 \\ x \ge 90 \\ y \le 38.5 \end{cases}$
함포 #1-4	$\begin{cases} 137 \le x \le 160 \\ 17 \le y \le 20 \end{cases}$	함포 #2-4	$\begin{cases} 97 \le x \le 120 \\ 20 \le y \le 29 \end{cases}$
함포 #3	$\begin{cases} -165 \le x \le -135 \\ 19.5 \le y \le 29 \end{cases}$	함포 #4	$\begin{cases} -125 \le x \le -95 \\ 29 \le y \le 38.5 \end{cases}$
함포 #3-1	$\begin{cases} -193 \le x \le -165 \\ 23 \le y \le 25 \end{cases}$		
함포 #3-2	$\begin{cases} y \ge \frac{1}{2}x + 108.5 \\ x \ge -165 \\ y \le 29 \end{cases}$		
함포 #3-3	$\begin{cases} y \ge -\frac{2}{3}x - 64 \\ x \le -135 \\ y \le 29 \end{cases}$		
함포 #3-4	$\begin{cases} -165 \le x \le -142 \\ 17 \le y \le 19.5 \end{cases}$		

참고문헌

강순자, 고상숙(1999), 공간 능력을 신장하기 위한 기하 학습자료 개발 : GSP를 이용하여 정다면체 구성, 수학교육 38(2), pp.179-187.

강옥기 외(2012), 수학교육학 신서, 교우사.

고상숙 외(2018), 수학교육에서 수학적 과정 및 교과 역량 2017 연보, 서울: 경문사.

교육인적자원부(2007), 수학과 교육과정, 교육인적자원부 고시 제2007-79호

교육인적자원부(2009), 수학과 교육과정, 교육인적자원부 고시 제2007-79호[별책 8], 교육인적자원부.

교육과학기술부(2011), 수학과 교육과정, 교육과학기술부 고시 제2011-361호

교육과학기술부(2012), 수학과 교육과정, 교육과학기술부 고시 제2011-361호[별책 8], 교육과학기술부.

권윤신, 류성림(2013), GeoGebra를 활용한 귀납활동이 초등수학영재의 증명능력 및 증명 학습태도에 미치는 영향, 초등수학교육 16(2), pp.123-145.

교육부(2015), 2015 개정 수학과 교육과정, 교육부 고시 제2015-74호 [별책8], 교육부.

구본준(2016), 세상에서 가장 큰 집, 서울: 한겨레출판(주)

김남희(2005), 중등수학 탐구를 위한 예비수학교사의 수학프로그램(GrafEq) 활용 사례, 한국수학교육학회지 시리즈 A 〈수학교육〉, 43(4), pp.405-417.

김동근, 서보억(2018, 4), 수학적 도구 사용 역량: 서보억, 한혜숙, 주홍연, 최남광(편집). 한국수학교육학회(2018), 수학교육에서 수학적 과정 및 교과 역량(2017년 연보), (pp.175-206), 서울: 경문사.

김연식, 정영옥(1997), Freudenthal의 수학화 학습-지도론 연구, 대한수학교육학회지 논문집, 7(2), pp.1-23.

김용성(2000), 문제상황을 기초로 한 수학화 경험이 수학적 신념과 문제해결력에 미치는 효과, 석사학위논문, 한국교원대학교 대학원.

류희찬, 이지요(1993), 수학교육에서의 시각화의 중요성과 LOGO, 수학교육학연구, 3(1), pp.75-85.

서권수 외(2015), 미술문화, 경기도: 미진사.

서현주(2009), 부등식 영역의 지도에 관한 연구: 최대-최소 문제를 중심으로, 서울대학교 석사학위논문.

신동선, 류희찬(1998), 수학교육과 컴퓨터, 서울: 경문사.

신인선, 박경민(2012), 그래프와 부등식 영역의 소집단 그림그리기 활동에서 나타나는 수학에 대한 흥미변화 및 전략적 사고분석-GrafEq 활용을 중심으로-, 한국수학교육학회지시리즈E: 수학교육논문집, 26(2), pp.177-203.

이광연(2018), 미술관에 간 수학자. 서울: 어바웃어북(about a book).

이상구, 장지은, 김경원 (2013), Sage와 GeoGebra를 이용한 선형대수학 개념의 Visual-Dynamic 자료 개발과 활용, 수학교육 논문집 27(1), pp.1-17.

이상희, 이종학, 김원형(2012), 부등식 영역의 최대, 최소 문제에서 학생들의 수학적 사고에 GeoGebra가 미치는 영향, 교원교육, 28(4), 한국교원대학교 교육연구원.

이승미(2009), 부등식의 영역 문제 해결 과정에서 발생하는 오류와 원인 분석 연구: 고등학교 2학년 대상으로, 석사학위논문, 한국교원대학교 대학원.

장선화, 김향남, 고주연(2017), 중학교 미술, 서울: 동아출판(주)

전영국, 주미(1998), 기하문제해결에서의 GSP를 활용한 탐구학습신장, 대한수학교육학회논문집, pp.413-427.

조지민 외(2011). 2011년 국제 학업성취도 평가 연구(PISA/TIMSS): PISA 2012 예비검사 시행보고서. 한국교육과정평가원 연구보고 RRE-2011-4-2.

조완영(2006), 고등학교 미적분에서의 수학화 교수·학습에 관한 연구, 대한수학교육학회지 〈학교수학〉 8(4), pp.417-439.

최변각 외(2015), 고등학교 지구과학 Ⅰ, 서울: 천재교육.

황혜정 외(2001), 수학교육학신론, 문음사.

Blume, G. W. & Scheon, H. L. (1998), Mathematical problem-solving performance of eighth-grade programmers and nonprogrammers. *Journal for Research in Mathematics Education, 19*(2), pp.142-156.

De Lange, J., & Verhang, H. B.(1987), Math A and achievement testing. proceeding of 11th International Conference for the Psychology of Mathematics Education, 3, pp.243-248.

Kim, H. S.(2003), Teaching and Learning Models for Mathematics using Mathematica (I), -한국수학교육학회 시리즈 D: 수학교육연구, 7(2), pp.101-117.

Freudenthal, H.(2008), 프로이덴탈의 수학교육론, 우정호 외(역), 서울: 경문사.

NCTM(1989), Curriculum and Evaluation Standards for School Mathematics, 수학교육과정과 평가의 새로운 방향(구광조 외(역), 1992), 서울: 경문사.

NCTM(2000), Principles and Standards for School Mathematics, 학교수학을 위한 원리와 규준(류희찬 외(역), 2007), 서울: 경문사.

Polya(1986), How to Solve It, 어떻게 문제를 풀 것인가?(우정호 역(2005)), 서울: 교우사.

Posamentier, A. S., Lehmann, I. (2007). The (Fabulous) *FIBONACCI Numbers*, Prometheus Books, New York.

OECD(2010). Draft framework for the assessment of mathematics in PISA 2012.

관련 웹사이트

1. http://terms.naver.com/entry.nhn?docId=1231688&cid=40942&categoryId=32972
2. http://blog.naver.com/ocpoc123

Pictogram을 활용한

체험수학

지은이 김동근 · 윤대원
펴낸이 조경희
펴낸곳 경문사
펴낸날 2019년 10월 5일 1판 1쇄
2022년 12월 20일 1판 2쇄
등 록 1979년 11월 9일 제1979-000023호
주 소 04057, 서울특별시 마포구 와우산로 174
전 화 (02)332-2004 팩스 (02)336-5193
이메일 kyungmoon@kyungmoon.com

값 14,000원

ISBN 979-11-6073-309-9